大阪府，下田遺跡で出土した発掘2時間後の銅鐸．「真新しい十円玉」の色をしていた(24ページ参照)．大阪府文化財センター蔵

島根県，上塩冶横穴墓群出土の金糸の塊(33ページ参照)．島根県埋蔵文化財調査センター蔵，写真：著者

飛鳥寺の鎮壇具の金・銀製品(48ページ参照)．奈良文化財研究所蔵

海野勝珉作「柳馬図巻煙草入」．色金による作品(150ページ参照)．東京藝術大学蔵，写真：著者

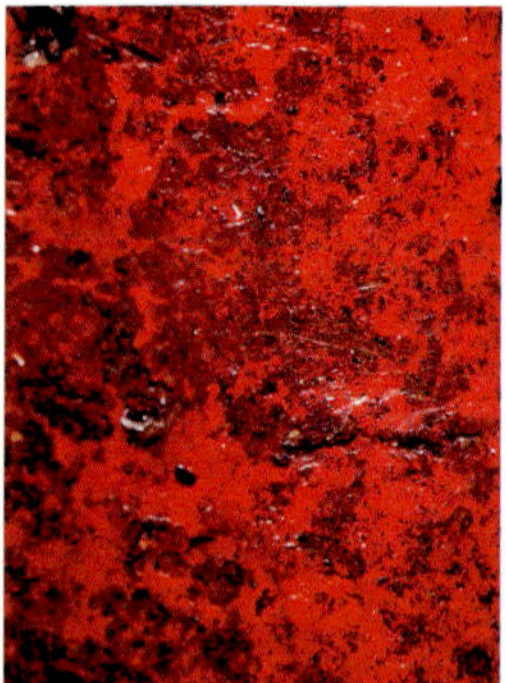

住友家に伝わる赤色の棹銅(158ページ参照)とその表面の光学顕微鏡写真．住友史料館蔵，顕微鏡写真：著者

後藤祐乗作「獅子図三所物」(111ページ参照)．徳川美術館蔵

金・銀・銅の日本史

村上 隆
Ryu Murakami

岩波新書
1085

はじめに

「金・銀・銅」と並ぶと、誰しも思い至るのは、オリンピックのメダルであろう。オリンピックの開催中には、新聞やテレビでも、各国の獲得メダル数が大きく躍る。選手たちも口々に、目標は「金メダル」という。そして、メダルを獲得した選手の扱いは別格となる。金の持つカリスマ性を象徴する話だ。

しかし、オリンピックメダルの授与は、最初からあったわけではない。現在の形式が整ったのは、第四回目ロンドン大会からである。そして、残念ながらそれぞれのメダルは、一〇〇%の金、銀、銅でできているわけではないそうだ。オリンピック憲章では、金メダルと銀メダルは、ともに九二・五%以上の銀製で、金メダルは表面を六グラム以上の金で覆われていればよいとする。銅メダルは、英語では、ブロンズメダル。すなわち、銅とスズの合金、いわゆる青銅なのだろう。

オリンピックメダル以外で「金・銀・銅」というと、すぐに思い浮かべるのは、ネックレスや指輪などの装身具だろうか。

もう一つ忘れてはならないのが、貨幣、お金である。

なぜ「金・銀・銅」なのか

「金・銀・銅」がこれだけ象徴的に扱われる背景の一つには、第一に色の問題があるのだろう。特に、金と銅は、多々ある金属元素の中でも、「有色」金属として、その独特の色を放つ特別な存在である。銀も、「いぶし銀」の魅力、二番手を飾るにふさわしい輝きだ。

しかし、特性は、色だけではない。「金・銀・銅」は、いずれもたいへん優秀な材料である。まず、加工性がよい。鎚で打てば、よく広がり、よく延びる。熔かして、鋳造もできる。すなわち、いかような形のものでも望みどおりに作ることができる。

次に、耐久性がよい。そのままでもよいが、他の金属を加えれば硬くもなるし、すり減りにくくもなる。化学的にも安定性が高く、錆びにくい。

そして最も大事なことは、金、銀、銅という順番が変わらないことである。三種の中で産出量が一番多いのが銅、そして、銀、金と順に少なく貴重になる。お互いの価値を相対的に見積もる上で順位に逆転が起こらないことが重要なのである。

わかりやすい事例を示そう。現代の地金相場をご覧になったことがあるだろうか。例えば、日本経済新聞では、金はグラム単位、銀はキログラム単位、さらに銅はトン単位で扱われている。

いずれの特性から見ても、オリンピックメダルや貨幣としてセットで扱うのにふさわしい金属なのである。

最後にもう一つ。「金・銀・銅」がセットになるのは、偶然ではない。この三元素は、化学でお馴染みの周期表では、11族(銅族元素)として同じグループで縦に並ぶ。

どうやら、ワンセットであることを、宇宙創成以来、運命付けられているようだ。

ではここで、人類が、「金・銀・銅」と、どのように付き合ってきたかを考えてみよう。

二つの望みと二つの技術

人類の歴史の中で、「金・銀・銅」にまつわる話題は、それこそ枚挙に暇《いとま》がないが、いつの時代でも、どの地域においても、人類が、「金・銀・銅」に対して望んだことは、次の二つに集約されるだろう。

第一に、「金・銀・銅」は、形とか見かけを装わなくとも、素材だけでも十分な価値を持つ。したがって、何はともあれ、大量の「金・銀・銅」を産出し、それを保有したい。

第二に、「金・銀・銅」という素材を活かして、さまざまな器物や装飾品などに加工し、華麗な付加価値を加え、さらにその重要度を増したい。

理想的には、この二つがともに備わって両輪となって機能することを、人類は「金・銀・銅」に望んだのである。

しかし、この二つの望みをかなえるためには、それぞれ高度な技術を要する。

第一の望みのためには、「金・銀・銅」を地球から得る技術が必要である。これを本書では、「第一の技術」と呼ぶことにしよう。そして、第二の望みのためには、素材としての「金・銀・銅」を加工して、「モノ」を作り出す技術が伴わなくてはならない。これを、同様に「第二の技術」とする。

人類と「金・銀・銅」の関わりの基本は、この二つの技術をいかに獲得していくか、という技術の歴史でもある。

ただ、人類の「金・銀・銅」に対する欲望は、この二つの技術を完全に備えて、自前で調達しなくとも、他者から略奪するという第三の手段も辞さないほど強いものであり、事実そのような史実はいたるところで見受ける。「基本は」とわざわざ断ったゆえんは、ここにある。

本書は、従来の方法論や時代区分にとらわれることなく、「金・銀・銅」を通して、日本の歴史を概観しようとする試みである。

調査データが語るドラマ

本書は、上で述べた「第一の技術」と「第二の技術」の双方が、日本でいかに定着し、機能していくかを探ることを主なテーマにしている。したがって、先に述べた第三の手段に関わる人間くさいエピソードが豊富に盛り込まれたものではない。

それにはわけがある。本書は、文書や物語、さらには絵巻などの文献記録資料だけに基づくものではなく、主な拠りどころを、発掘調査によって出土した考古遺物や、博物館などに伝世する資料、すなわち、いわゆる「文化財」に対する科学的な調査成果に求めているからである。しかも、その大半は私自身が実際に調査してきた資料に対する調査データを用いて論じている。そのために、不連続感は否めなく、肌理《きめ》の細かい時系列の通史とは程遠いことも否めない。しかし、もの言わぬ資料は、我々がこれまで窺い知ることができなかった情報を秘めていることも多い。それを少しでも引き出すことによって、思わぬ新たなドラマが生まれるかもしれないのである。

日本において、本格的に金属が登場するのは、弥生時代までさかのぼる。日本では、長く見積もってても金属はたかだか二五〇〇年程度の歴史しか持たない。しかも、自らの文化的な発達過程で自然発生的に生み出されたものではないから、その変遷は他国とは異なり個性的である。技術の発達過程から見ると、一般的には銅が鉄に先行するのが自然な展開であろうが、日本では、両者がほぼ同時に使われ出す。しかも、地球から鉄や銅を自前で抽出する技術、本書でいう「第一の技術」の根幹のところから始まるのではなく、「第二の技術」で作られた最終段階の製品がいきなり登場する。朝鮮半島や中国大陸で作られたものが完成品としてもたらされたからである。

例えば、福岡県は博多湾に浮かぶ志賀島《しかのしま》で見つかったという「漢委奴国王」金印を考えてみよう。『後漢書』東夷伝にある記載に基づいて、五七年に光武帝から倭の奴国に下賜されたものと見なされる。

一世紀の段階の日本では想像もつかないような高度な技術で製作された金印は、日本の「金・銀・銅」をめぐる歴史の中ではまったくの特異点として輝いている。本来、扱いやすさから見ても、金は最も古くから登場してもよいはずだが、日本では本格的に使われ出すのはかなり遅れることになる。

当初は中国大陸や朝鮮半島から渡ってきた人たちの世話になりながら、技術の移転と定着を実現し、長い年月をかけて独り立ちに至る。そして、やがて近世を迎える頃には、汎世界的に見ても、人類が獲得した技術の最高峰にまで登り詰めるとともに、一時期には世界有数の金属産出国となり、さらには輸出国にもなるのである。

このように、「金・銀・銅」を中心に語る金属の歴史の概略は、日本におけるさまざまな産業や技術の歴史を髣髴《ほうふつ》とさせるのではなかろうか。すなわち、金属という素材を使いこなすようになる歴史そのものに、日本の産業技術を取り巻く背景が集約的に潜んでいるのである。

技術から見た七つの時期区分

本書において論じる日本は、古代から近代までを、次に示すように、草創期、定着期、模索期、発展期、熟成期、爛熟期、再生期として論じることにした。これは、弥生時代に外来の技術として登場した金属をめぐる技術が、徐々に発展し、一六世紀に大きく花開き、一七世紀の初めには人間の手わざで達成された技術としては世界的に見ても最高水準にまで達するに至ったことを踏まえている。そして、産業革命以降の西洋流の近代工業化を本格的に取り入れた一九世紀中頃からの段階を、「再生」と位置づけた。

草創期　弥生時代～仏教伝来(五三八)
定着期　仏教伝来(五三八)～東大寺大仏開眼供養(七五二)
模索期　東大寺大仏開眼供養(七五二)～石見銀山の開発(一五二六)
発展期　石見銀山の開発(一五二六)～小判座(金座の前身)の設置(一五九五)
熟成期　小判座(金座の前身)の設置(一五九五)～元文の貨幣改鋳(一七三六)
爛熟期　元文の貨幣改鋳(一七三六)～ペリーの来航(一八五三)
再生期　ペリーの来航(一八五三)～

もっとも、各期の転機をいつにするかは、さまざま意見の分かれるところでもあろう。また、約八〇〇年にわたる模索期を設けることにも異論はあろう。これは、「金・銀・銅」をめぐる技術、主に私のいう「第一の技術」に焦点を据えて、日本を概観した結果である。

また、再生期以降、すなわち近代化以降の日本の「金・銀・銅」については、本書では大きく扱っていない。それは、近代化以降、いわゆる近代化遺産を文化財として考えること自体がまだ緒に就いたところであり、私のこれまでに蓄積したデータで語るという本書の前提から見ると、データそのものが希薄になるからである。したがって、必然的に近代化以前の技術の変遷にスポットが当たることになる。

しかし、近代化以前の技術の系譜が、これまでほとんど体系的に語られてこなかったことを考えると、これだけでも本書の意義があるともいえるであろう。ただし、本書は近代化以前への単なる懐古だけのために編んだものではない。ベクトルは過去ばかりではなく、未来へ向いている。「金・銀・銅」の歴史の中に日本の技術の特性を見出すとともに、二一世紀を生き抜くヒントを探っていきたいのである。月並みではあるが、「過去に学び、未来に活かす」、温故知新の実践であると考える。

近代化以前の知恵と技を知る

「金・銀・銅」は、オリンピックのメダルに象徴されるように、金属の中でもその固有の色で他の金属と一線を画してきた。特に、金は普通の状態では錆びないこともあって、別格の存在を誇る。人類の永遠の憧れ、不老不死の象徴でもあるのであろう。権力者に限らず、人は、金が大好きである。金に憧れ、金を作り出そうとした錬金術が、科学の基礎を作った。金は、人間の欲と最も深く関わってきた金属なのである。銀、銅も、これに準ずる。

「金・銀・銅」をめぐって、人間が如何に関わって、知恵を絞ってきたかを知ることは、とにかく「金・銀・銅」に対する新たな認識を持っていただくことにもなるだろう。そして、日本人が、「金・銀・銅」とは縁が深いことを再確認することになるだろう。

もう一つ大事なことがある。近代化以前の人たちが如何に器用で機知に富んでいたかということに思いを至らせることである。確かに明治維新以後の本格的な近代化は日本を大きく発展に導いた。しかし、それまでの人々が培ってきたさまざまな技術や営みを単に過去の産物として追いやり、短時間の中に近代化を達成できた礎に、それまでの蓄積が活かされている事実に目を背けてきたということはないだろうか。社会全体のシステムは立派になったが、個々の人間の臨機応変の手わざの妙、即応の知恵は、その中に埋没し、どこかに忘れ去られてしまったように感じられてならない。

「金属」が、身近に溢れ、あたり前で陳腐な存在になってしまった現代。「金・銀・銅」と改めて取り上げても、新鮮味に欠けるととられるかもしれない。しかし、「金属」のふところはあくまで深い。「金属」の歴史を通して学ぶことは、まだまだ多いのである。

金・銀・銅の日本史

目次

第一章　日本は、「黄金の国」か、「銀の国」か、「銅の国」か

――「金・銀・銅」をめぐる技術の系譜――

「ジパング」と聞いて、人々は一三世紀のイタリアの冒険家マルコ・ポーロが『東方見聞録』で記した「黄金の国」を思い浮かべるであろう。彼のいう「ジパング」が実際に日本をさしているかどうかの議論はここでは控えるが、日本が「黄金の国」と評価されてもしかるべし、とする事例は歴史上いくつも散見される。

まず、筆頭に掲げなくてはならないのは、奥州の砂金であろう。これをもとに、奥州藤原氏は平泉中尊寺《ちゅうそんじ》を中心とした黄金文化を誇った。蒔絵を施した豪華絢爛たる漆器も、一見黄金製かと見紛うほどである。そして、室町時代の北山文化の象徴、京都鹿苑寺《ろくおんじ》金閣。さらには、織田信長による安土城の金箔瓦の天守閣。豊臣秀吉の金の茶室。秀吉は、世界最大の金貨、天正大判の製作も命じた。金鉱山も豊富にあった。江戸時代には、新潟県佐渡金山をはじめ、鹿児島県串木野《くしきの》金山、静岡県土肥《とい》金山など、日本各地に金山が存在した。

宣教師マテオ・リッチが、明代の中国で一六〇二年に作った世界地図「坤輿《こんよ》万国全図《ばんこくぜんず》」には、日本人がいかに金・銀を愛好しているかを記している。その模写版には、日本列島に付属する「金島」、「銀島」という架空の島まで登場するのである。

現代に目を転じれば、最も注目すべきは、一九八一年に新たに発見された鹿児島県菱刈《ひしかり》金山であろう。世界一の高品位金鉱床を誇る。しかも、埋蔵量もトップクラスという。日本は、間違いなく「黄金の国」なのである。

「金属の国」日本

二〇〇二年にユネスコの暫定リストに登載され、いよいよ本格的に世界遺産登録を待つ島根県石見《いわみ》銀山遺跡。一六世紀から一七世紀にかけて、一世を風靡《ふうび》した銀山である。灰吹法《はいふきほう》という古典的な方法で銀を抽出し、一説には当時の世界の銀生産の三分の一の銀を産したといわれる日本の銀山の中で、先駆的存在であった。ちょうど、大航海時代の大きな動きと呼応したのだ。一六世紀後半にヨーロッパで発行されたオルテウスの世界地図には、少し異形に描かれた日本列島図の島根県の辺りに「銀の王国」と記載されている。まさに、石見銀山の位置である。

石見銀山に続いて、兵庫県生野《いくの》銀山、秋田県院内《いんない》銀山、山形県延沢《のべさわ》銀山、福島県半田《はんだ》銀山など、江戸時代を通じて次々に銀山は開発されていった。日本は、「銀の国」でもあったのである。

銅といえば、古くは銅鐸など、弥生時代の青銅製品や、古墳時代の副葬品をまず挙げなくてはいけない。そして、なんといっても、八世紀中頃、奈良東大寺に世界最大級の大仏を建立せしめるために供給された約五〇〇トンにも達する銅。そのほとんどは、山口県長登《ながのぼり》銅山から産出されたという。「奈良登り」が訛《なま》って、「長登り」となったそうだ。その後、戦国時代にも各地の銅山が開発され、江戸時代には、愛媛県別子《べっし》銅山、秋田県阿仁《あに》銅山をはじめ、多くの銅山が稼動した。

日本からの輸出品の筆頭に銅が位置し、これも東南アジアをめぐる大航海時代の原動力の一つとなった。別子銅山をはじめとする全国の銅山から集められた銅は、当時世界最大規模の銅精錬工場であった、大坂の住友銅吹所《どうぶきしょ》において、純度の高い「棹銅《さおどう》」と呼ばれるインゴットにされ、長崎の出島から輸出された。日本は、間違いなく「銅の国」でもあったのである。

最後に、もう一つ忘れてはいけないのは歴史的な金属、鉄である。残念ながら、本書では、鉄について詳しく語ることはないが、日本刀の優秀さは、世界的にも有名である。タタラ製鉄による砂鉄製錬で得た玉鋼《たまはがね》は、他を寄せつけない純度を誇る。近代化の後も、大規模な製鉄所によって生産された鉄は、日本を代表する輸出品であった時期もある。日本は、「鉄の国」でもあるのだ。

このように簡単に概観してみても、「金・銀・銅」を筆頭に、日本はかつて世界でもまれなる「金属の国」だったことがわかる。

1　「金・銀・銅」を地球から得る方法——「第一の技術」

火と金属が人類を導いた

「金・銀・銅」といっても、どこでどうやって手に入れるのだろうか。この問いは、「はじめに」で挙げた「金・銀・銅」をめぐる「第一の技術」に関わる。

今なら、工作用の銅板程度なら、近所のホームセンターでも簡単に手に入る。金や銀のインゴットやナゲットも、品位保証つきで売買されている。便利な時代になったものである。しかし、このような状況は、つい最近のことである。「金・銀・銅」は、もともと地球の中にあり、人類は、「金・銀・銅」そのものを地球から得るためにたいへんな努力を重ねてきたのだ。

宇宙に浮かぶ小さな星、地球。四六億年の歴史を持つという。その地球上に人類の祖先は現れ、約一万年前には人類は確固たる位置を得るまでになった。農耕・牧畜がきっかけとなって人類が確立した世界が今や肥大化し、地球そのものの存亡にも関わる大きな存在にまでなった。では、この人類をここまで確固たる存在に仕上げたものは何だったのだろう。

「火」との出合い。私は、これが人類を特別な存在に導いたトリガーであると考える。そして、次に「金属」との出合い。諸説あるが、古く見積もって約一万年前のことである。金属は、もともと地球の構成元素である。火を用いて、地球から金属を抽出し、利用するようになった生物は、人類だけである。金属製の道具や利器の登場によって、人類は地球上に確固たる存在の礎を築くことになった。

地球は一様な構造体ではない。鉄‐ニッケル合金から成るコアを中心に、マントルが包み、その表層に地殻が存在する。地殻の大部分は海に覆われ海洋地殻を成すが、海から顔を出した大陸地殻は表層を土壌に覆われ、ここに植物などが生育する。人類もここに存在する。

採鉱から精錬まで

金属は、コアから地殻に至る地球全体に存在するが、人間が金属を得るのは、表層の地殻が中心である。地殻を構成する岩石の中で、目的とする「金・銀・銅」などの金属元素が濃縮している場所が鉱床である。この鉱床の金属が集中している鉱脈から掘り出したものが鉱石である。そして、鉱石を掘り出すための施設を設けたところが鉱山である。金属を得るためには、まず鉱床を探し当てなければならない。

金属元素は、鉱石中では一般には酸化物や硫化物などの化合物の状態で存在しているのが普通であり、金属元素がそのままの姿で入っているわけではない。これらの化合物から、金属だけを抽出する技術が必要になる。これには巧みな技術が要求される。いわゆる「採鉱→選鉱→製錬→精錬」という一連の作業である。しかし、最初から、こんな体系だった作業工程が確立されていたわけではない。人類が、この一連の作業を習得していくにも、長い時間を要した。

「採鉱」は、鉱床から金属を含む鉱石を掘り出す作業、「選鉱」は、金属を含む部分だけを選《え》り出す作業である。ここまでは、基本的に火を使わないとしてよい。もっとも、硫化物中のイオウなどの除去のために、鉱石を前もって焼くことはある。

「製錬」は、選鉱によって得た鉱石の金属を豊富に含んだ部分を熔かして、金属だけを分離させる作業である。「精錬」は、「製錬」で得た粗金属を熔かして不純物を除き、目的とする金属の純度をさらに上げる作業である。「製錬」と「精錬」は、ともに火を用いる。この二つの作業は、日本語では混同しやすいが、英語では、「製錬」は smelting、「精錬」は refining と違いがわかりやすい。

この一連の作業工程を、火との関係で分けると、①採鉱→選鉱、②製錬→精錬と二つにくくることができる。右でも述べたように、①は火を使わない工程、②は火を使う工程である。

人類と金属の出合い

金属の中には、②の工程を経なくても、最初から純度の高い状態で存在している場合がある。特に、「金・銀・銅」は、地表部分で、自然金、自然銀、自然銅として存在することで知られており、人類と金属の邂逅《かいこう》は、まずここから始まったことは間違いない。

しかし、人類と金属の最初の本格的な付き合いは、実は②の工程から始まったのである。

最初は、偶然から始まったに違いない。火を使うようになった人類は、ある日、焚き火の跡で熔けた石の一部がキラリと光る金属に変身しているのに気づいた。あるいは、落雷による山火事の跡や、溶岩によって熔け出した石を拾い集めて利用してみる、などなど。火によって、石が金属に変わることを自然の中で学習するのである。

そんな日常がどれくらい続いたのだろうか。やがて、少しずつ、どの金属に、どのような特性があるかを、理解していくようになる。

そして、金属をもたらしてくれる石を自ら探し出すことが始まる。これが、①の工程の始まりである。人類が金属と出合い始めた頃には、山肌の露頭などに、金、銀、銅の濃縮した場所が、かなりわかりやすい状態で多数見つかったことだろう。

今から思うと、気の遠くなるような長い年月の間に、試行錯誤を繰り返しながらしだいに体得し培われたのが、金属利用の知恵である。そして、この知恵が、人類を地球上で特別な存在とする大きな牽引力《けんいんりょく》となった。一度身についた知恵は、急速に発展していった。四六億年の地球の歴史の上では、ほんの瞬きにしかすぎない間に、人類は地球の命運を握る存在にまで進化したのである。

2 「金・銀・銅」から、モノを作る方法——「第二の技術」

金属を加工する技術、いわゆる金工技術は、「はじめに」で挙げた「金・銀・銅」をめぐる「第二の技術」にあたる。

金工技術の基本

金工技術の基本は、「鋳金《ちゅうきん》」、「鍛金《たんきん》」、「彫金《ちょうきん》」である。

「鋳金」は、金属が高温になれば熔けて液体状になり、冷えれば固まって固体に戻る性質を利用する。いわゆる、鋳造の技術である。高温で液体状になった金属を、任意に形作った鋳型に流し込めば、冷えて固まったときには、鋳型どおりの形が出来上がる。言葉でいえば簡単であるが、実際にはたいへん高度な技術を要する。

液体状に溶けた金属を「湯《ゆ》」というが、湯でも、サラサラと流れやすいものもあれば、ドロドロと流れにくいものもある。冷えて固まって形はできても、ポンとたたけばすぐにヒビが入って割れてしまう脆《もろ》いものもある。鋳型どおりの形が再現できても、耐久性、堅牢《けんろう》性など、さまざまな要求に堪える機能を備えてなくては使いものにならない。これらの要求に応えるために、金属の配合を変えて混ぜ合わせる技術が必要となる。これが、合金術である。合金を作ることで、熔ける温度を下げることもできる。さらに、鋳型の材質によっても、出来上りが違ってくる。鋳型も、石型、砂型、金型などによっても、仕上り状態が異なる。型の種類と湯との相性もあるだろう。受け手の鋳型の温度と、湯を流し込むときの温度、流し込む速度などの相関も重要である。さらに鋳込みの際に生じる大量のガスを如何に抜くか、ということも考えなくてはいけない。

形を作る技術、加飾の技術

「鍛金」は、金属を鎚でたたけば、広がり延びる性質を利用する。鍛造の技術である。金属は、熱すれば軟らかくなる。熱して軟らかくした状態で、たたくとよく延びる。しかし、たたいていくと硬くなって割れやすくなる。「加工硬化」という。硬くなると、再び熱して軟らかくすることができる。これを、「焼きなまし」という。軟らかくして、またたたく。果てしないこの繰り返しの結果、さまざまな形を生み出すことができる。金属を打ち延べるには、金床《かなとこ》が必要である。また、曲面に仕上げる場合、金床の代わりにアテガネをうまく使い分けると、細かいニュアンスの凹凸まで金属板で表現できるようになる。

鍛金にも、ふさわしい合金の選択と、温度管理など、鋳金同様にさまざまな条件を揃える必要がある。そして、板を組み合わせて、三次元の立体的なものを作ろうとすると、接合の技術も必要となる。これには、鋲などで留める機械的接合、接着剤で留める化学的接合、金属同士を熔け合わせる溶接などの金属学的接合の三つの方法がある。

「鋳金」、「鍛金」が、形を作る技術とすると、「彫金」はいかに綺麗に見せるかという「加飾」の技術である。「金・銀・銅」は、それぞれ独特の色を呈する。彫金には、欠かせない金属なのである。金属同士を組み合わせて色味の違う合金を作ることも、彫金では重要である。

時には、表面の色を発色させる着色も必要になる。そして、色の違う合金を組み合わせたり、貼り込んだりして、色彩豊かな造形が生まれる。もちろん、これには接合の技術も必要である。鏨《たがね》で表面に線を彫り込んで文様を描くのも彫金の仕事である。鏨で彫り込んだ溝に金や銀をたたいて嵌《は》める象嵌《ぞうがん》も基本技術の一つである。

古代の工人たちは、勘と経験をもとに試行錯誤を繰り返しながら長い時間をかけて、このようなさまざまな技術を体得していったのである。

3　人はなぜ金に魅せられるのか

地球、金属、そして人間。この三者の関係を論じるとき、私は「金属の一生」という図を用いる。

金属の一生

金属は、もともと地殻の中、特に鉱床中に濃縮して存在する。金属は、地殻の中にあるとき、一般には酸化物や硫化物などの化合物として存在しており、エネルギー状態も比較的安定している。ここに、人間が関与するとその様相は一変する。人間は、鉱床から鉱石を掘り出し、鉱石から火を使って金属を抽出し、金属素材を得ることを、経験的に体得した。私は、これを先に「第一の技術」と定義した。金属は、この時点で初めて地殻から人間の住む大気中の世界に

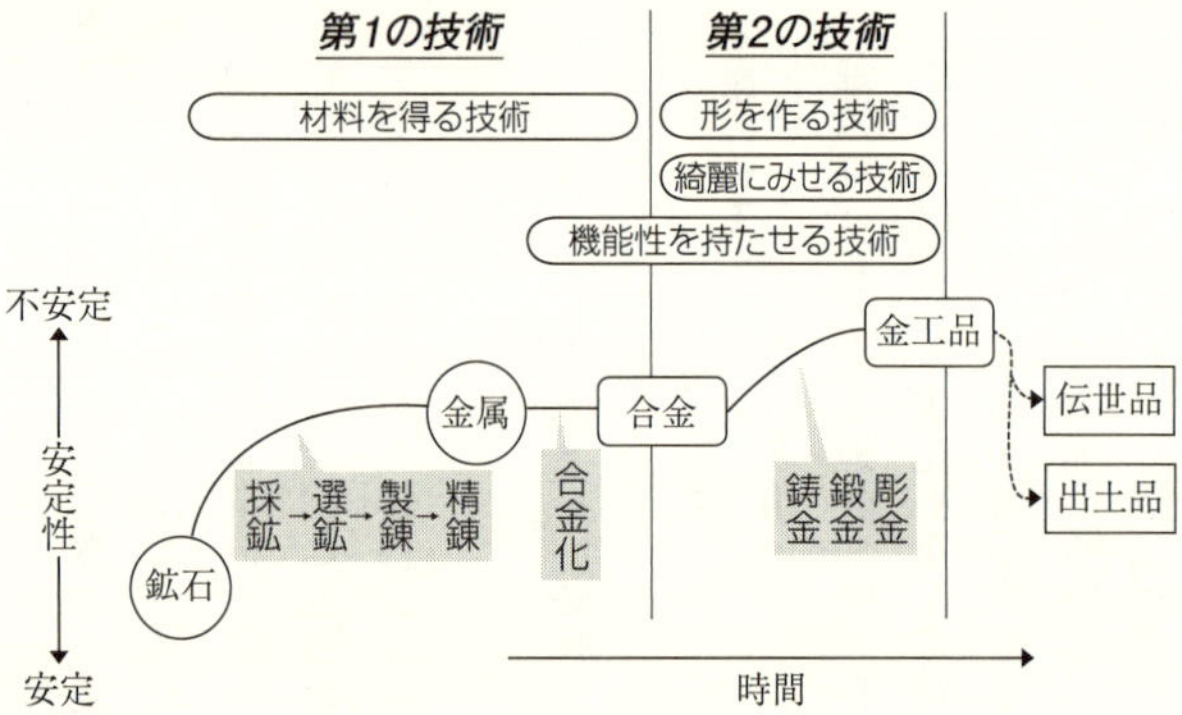

図 1-1　金属の一生．著者作成

裸で曝《さら》されることになる。これは、金属がエネルギー的には不安定な状態に置かれることを意味する。

人間は、硬さ、強さ、しなやかさなど、さまざまな特性を金属に求め、異なった金属を混ぜて合金化を図る。そして、目的に合わせて調整した合金を、あるときは鋳金で、あるときは鍛金で、最終的にめざした製品に形作る。また、仕上げに表面に彫金を施し化粧する。これが、私のいう「第二の技術」である。

しかし、やがて用を終え、廃棄された金属製品は腐食し、土の中で朽ちていくことになる。腐食とは、金属の鉱物化していく現象、つまり鉱物への回帰の旅であり、金属が人間の住む大気中から再び地殻の安定な状態に帰っていく過程として捉《とら》えることができる。これが人間と関わった金属の一般的な一生である。

化合物にならない金

金は、一般には錆びない。これは、何を意味するのだろうか。もともと地殻の鉱床中に存在しているときも、人間の関与により大気中に置かれることになったときも、金は普通の状態では化合物を作らず金そのもので安定に存在できることを示しているのである。もちろん、もし廃棄されたとしても、土の中でも相変わらず安定な状態を保つことができる。すなわち、金が人間の世界から地球に回帰しても化合物となることはほとんどないといってよい。人類は、金の持つこの不変性に本能的に気づき、畏敬し、憧憬したのではなかろうか。そして、「永遠」や「不老不死」の具体的な象徴として、金は人を魅了したのである。

金の比重は、一九・三。すなわち、同じ体積を持つ水の一九・三倍の重さに相当する。五〇〇ccのペットボトル一本分で、ほぼ一〇キログラムに近い。金は、実に重いのである。人類によってこれまでに掘り出された金の総量は、推定で一四万二〇〇〇トンを超えるという。そして、まだ地殻中に眠る埋蔵量は、推定で七万二〇〇〇トン、年間二三〇〇〜二五〇〇トン程度の産出を続ければ、あと三〇年程度で掘り尽くすことになるそうだ。では、金一四万トンを一ヶ所に集めると、どれぐらいの大きさになるのだろうか。例えば、オリンピックの競泳用の公式プールのだいたい三杯分程度の大きさと考えればよい。七階建てのビルなら一棟分ぐらいか。ビールの年間消費量が東京ドーム何杯分という感覚からすれば、古代から人類が血眼《ちまなこ》になって争奪してきた金の総量がたったこの程度の量でしかないというのは、それなりの感慨を持つが、だからこそ金は貴重であるともいえるのである。

人類が初めて金属に出合った頃なら、金・銀・銅は、濃集した純度の高い状態で地表に存在していた場所があったのだろう。いわゆる、自然金、自然銀、自然銅である。海外の自然史博物館を訪れると、ときどき一〇センチを超えるような大きな自然金の塊に出合うことがある。まさに、自然界の大金塊。山の中でこんな金塊に出合ったら、さぞ驚くことだろう。しかし、こんな大物に、日本で出合うことはまずないだろう。残念ながら、地質学的に見て日本列島では大金塊ができにくいのだそうだ。実際に発見されるのは、大きくても小豆大、普通は砂粒のような砂金である。

かつて、兵庫県淡路島の津名《つな》町(現・淡路市)は、一億円の金のインゴットを展示したことで有名になった。ちなみに、ギネスブックに載っている世界最大の金塊は、重さ二五〇キログラム。伊豆の土肥《とい》金山資料館にある。もちろん、自然のものではなく、苦労してわざわざ新たに作ったもの。やはり、日本人は金が大好きなのである。

第二章　祭、葬送、そして戦いの象徴

——草創期の「金・銀・銅」——

金属製品が日本列島に登場するのは、いわゆる弥生時代である。日本には、当時のハイテク先端材料である鉄が、中国や朝鮮半島から銅とほぼ同時にもたらされる。もし、金属という素材を地球から獲得するところから始めたら、銅から鉄へと移行していくだけでもかなりの時間がかかるのだから、こんな効率のいいことはない。さらに、考古学的な発掘調査では、完成品としての「モノ」だけではなく、銅鐸の鋳型など、「モノ」を作り出す技術の痕跡も確認されるから、金属製品の製作技術そのものが実践されるのにもあまり時間がかかっていない。これは、「モノ」だけではなく「モノづくり」に関わる「ひと」も同時に移動してきたことを想定させる。もちろん、製作技術といっても、素材を加工する技術であって、まだ金属を自前で産出する技術まで獲得するには至っていない。日本では、「第二の技術」のほうが、「第一の技術」に先行するのである。

草創期—土器の変革期と符合

私は、この時期を日本の金属に関する草創期と呼ぶことにしている。「モノ」と「ひと」だけが動いてきても、地球から金属素材を得て、それを加工するまでの一貫した技術、すなわち、「第一の技術」から「第二の技術」まででしっかり定着し発展していくには、長い時間を要するのである。

さて、金属の登場時期には、さまざまな社会的変化が起こるが、私が特に注目するのは、縄文式から弥生式という土器作りの変革期とほぼ符合する点である。金属器の製作には、火を扱う高度な技術を必要とするから、なおさらその感が強い。ただし、技術移転を可能とした背景はここに求めるが、金属器と土器作りの工人たちを単純に同一視するというものではない。やはり、文化の担い手が変化したと捉える必要があるのだろうか。しかし、縄文時代の遺跡からも確実に金属器が出土する機会が増えても不思議ではないと、私はかねてから唱《とな》えているが、それはあくまでも「モノ」の出現であって、「モノづくり」の確認とまではいかないのではなかろうか。

日本における「金・銀・銅」の草創期は、こうやって幕が開くのである。

1　見かけだけ？の銅鏃

戦争のための機能

金属という素材に最も期待される機能は何か。例えば、硬さ、鋭利さ、強靭《きょうじん》さ。これらはすべて武器や工具などの道具に切望される機能である。時のハイテクが戦争のために試されるのは今に始まったことではない。

日本海に近い鳥取県青谷《あおや》上寺地《かみじち》遺跡は、人の頭蓋骨に脳みそが残った状態で出土したことで

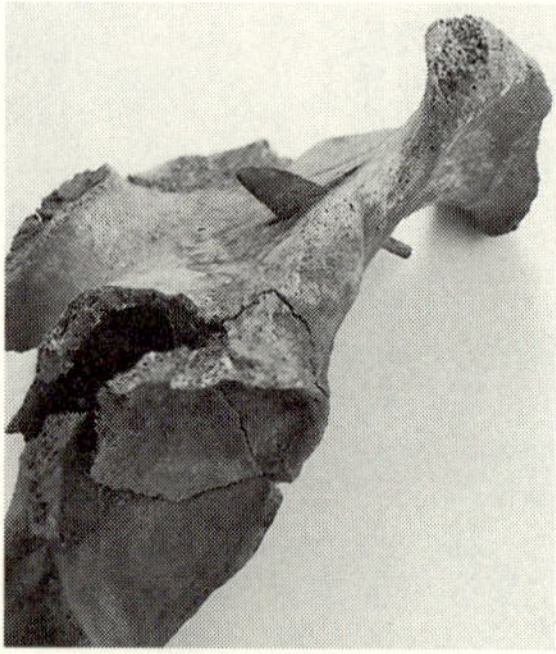

図 2-1　骨盤に食い込んだ銅鏃（青谷上寺地遺跡）．鳥取県埋蔵文化財センター蔵

大いに話題になった。弥生時代から古墳時代の初めにかけての遺跡である。

出土した累々《るいるい》と夥《おびただ》しい人骨の中からは、銅鏃《どうぞく》（銅製のやじり）に貫かれた骨盤が見つかっている。銅鏃は、骨に深く食い込み、なんとも痛々しい。これが致命傷だったに違いない。私は、実戦で使われた、これほど生々しい銅鏃に出合ったことがない。この遺跡からは、斧や鑿《のみ》などの大量の鉄製品とともに、いくつかのタイプの銅鏃が数点出土している。青谷上寺地遺跡は、金属製品が豊富であるとともに、しかもほとんど錆びずに残っていることでも特筆すべき遺跡である。この青谷上寺地遺跡から出土した銅鏃の数点を分析してみると、鉛とともに相当量のスズも含んだ青銅製であることがわかった。数％のスズを含んでいれば、これらの銅鏃は、武器としてしっかりとした強度を持っていることになる。

空洞のある鏃

しかし、分析した銅鏃の中で、ただ一点だけ材質が大きく外れるものがあった。考古学における形態分類では、柳葉型というタイプである。骨盤を貫いていた銅鏃とそっくりな形をしている。この銅鏃は、驚いたことにスズをほとんど含まずに、ほぼ銅だけでできているのである。銅は、スズを含むことで硬く、強靭になる。純銅では、武器としては軟らかすぎるのではないか。ただし、純銅といっても、古代の銅には微量ながらもそれなりに不純物が入っているのである程度の強度は持つだろうが、これでは本格的な強靭性を発揮することは難しい。

図 2-2　純銅製の銅鏃(青谷上寺地遺跡). 鳥取県埋蔵文化財センター蔵

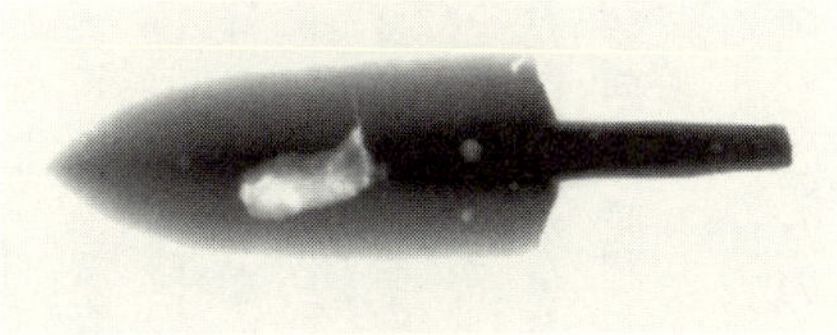

図 2-3　同, X 線透過写真. 鳥取県埋蔵文化財センター蔵, 写真：著者

この銅鏃の表面は丁寧に研磨され、一見いかにも優秀な銅鏃の雰囲気を持つ。しかし、X線透過撮影で内部を探ると、またまた驚いたことに真ん中に大きな空洞がぽっかりと空いているではないか。よく見ると、銅鏃の中央部の表面が薄くなって小さな穴が開いており、向こう側の光が見えるのである。これには、本当に驚いた。銅だけでは湯流れが悪く、鋳造しにくい。おそらく鋳造したときに生じた欠陥であろう。骨盤に刺さった銅鏃を骨盤から外して分析するわけにはいかないので、同様に銅だけでできているのかは、現時点で

はわからないが、銅鏃の形態観察だけではこのような材質の違いによる機能性までを論じることはできないだろう。ここに、科学調査の意義がある。

これまでにも、銅鏃をはじめ、当時の武器や兵器が大量に出土しているが、材質の面からその優劣を調査された事例は意外に少ない。実戦の武器は、「見かけ」ではない。いかに優秀な機能を備えた武器を手にするかが生死を分ける。有力な部族は、優秀な武器を作る工人集団を自ら抱えることで、常に最先端の武器の安定供給をめざしたに違いない。では、特殊技能を持つ工人は、特権扱いだったのだろうか。私には、工人集団自体が部族間の争奪の対象になっていた様子が目に浮かぶのだがいかがなものだろう。また、この時期にすでに、みかけだけの武器を扱うような悪徳な武器商人が暗躍していたなどというのは飛躍しすぎだろうか。

2　銅鐸は光り輝いていたのか——金属光沢の異様さ

鰭を立てて埋められる銅鐸

銅鐸《どうたく》は、弥生時代を語るに際して、欠くことができない金属器である。その源流は楽器であろうが、用途をめぐっては、さまざまに議論されている。

私と銅鐸との縁は、一九八五年、島根県斐川《ひかわ》町の神庭荒神谷《かんばこうじんだに》遺跡に始まる。荒神谷遺跡では、前年に銅剣三五八本が出土し、考古学界に大きな衝撃を与えたが、翌年に同じ

図 2-4　銅矛とともに出土した銅鐸(神庭荒神谷遺跡). 島根県埋蔵文化財調査センター蔵

谷筋のすぐ隣で銅矛《どうほこ》一六本とともに、銅鐸六個が出土し、銅剣の出土時に劣らず大きな話題になった。現在では、これらの銅製品はまとめて国宝に指定されている。

銅鐸は、考えれば考えるほど不思議な金属器である。私は、これまでに古墳の発掘なども含めて、さまざまな金属器の発掘に立ち会う経験を持った。古墳の場合、青銅鏡や馬具などに出合う可能性は高いが、一般の集落などの発掘調査では金属器はまったく予想もつかない状態で現れる。銅鐸は、特にとんでもない所から突然見つかる場合が多い。しかし、いったん顔を出すと、その場を圧する特別な雰囲気を備えている。

私は、荒神谷遺跡において、銅矛と銅鐸の取り上げ作業に参加する幸運に恵まれた。谷の斜面を少し平坦に均《なら》し、一六本の銅矛の矛先が交互になるようにして揃えて寝かせて、さらに刃を地面に垂直に立てた状態で置かれていた。そのすぐ横に、小ぶりの銅鐸が六個、やはり鰭《ひれ》を立てて寝かせた状態で交互に並べて置かれていた。鰭とは、銅鐸の横にまるで魚の鰭のように取り付く板状の部分である。

荒神谷遺跡では、当時この青銅器に関わった人が、銅矛の刃と銅鐸の鰭を立てた状態で丁寧に並べて置いたそのままの状態を保って出土したのである。銅鐸は、不思議なことに、他の遺跡でも鰭を立てた状態で横に寝かせて埋められていることが多い。銅鐸の鰭を立てて横たえさせることに籠《こ》められた共通のメッセージはいったい何だったのだろうか。

緑青に覆われる青銅器

古墳のような墓でもない場所で、二〇〇〇年近くの間まったく攪乱されずに、土の中で眠り続けてきた銅鐸の存在感は格別であった。実際にこの銅鐸の取り上げに立ち会った私は、二〇〇〇年の時を経て、再び大地から切り離すことに不思議な感覚にとらわれたことを鮮明に覚えている。

その後、一九九六年に、島根県は新たな銅鐸の発見に沸くことになる。今度は、荒神谷遺跡のある斐川町に近い加茂町(現・雲南《うんなん》市)である。三九個の銅鐸がまとまって出土したから、たいへんな騒ぎになった。発掘当初の頃、何度か現地を訪れる機会を得たが、農道建設のため、切り崩す予定であった小高い丘の中腹に大半の銅鐸はやはり鰭を立てて横に寝かせた状態で埋められていた。しかも、りっぱな大きさの銅鐸が二重に入れ子状態になって埋められるなど、独特の存在感を醸《かも》し出していた。この遺跡は、後に加茂岩倉遺跡と呼ばれるようになった。

さて、荒神谷遺跡から出土した銅鐸は、いずれも銅を主成分とし、スズと鉛を含む、いわゆる「青銅」である。報告書によると、荒神谷遺跡の銅鐸に含まれるスズは、八・七九〜一七・三％、平均で一二・六％となる。一方、鉛は、一・五三〜七・五三％、平均で四・三％含んでいることがわかる。銅とスズの合金である青銅は、スズの配合比によって色が変化することで有名である。このような成分組成では、銅鐸の地金の色は、少し黄色味を帯びた銅色を呈していたと考えられる。中には、かなり金色に近い色を呈していたものもあったのではないだろうか。

ここで、例えば、三角縁神獣鏡《さんかくぶちしんじゅうきょう》に代表される青銅鏡を考えてみよう。現在では厚く緑青サビで覆われているものが多いが、これまでに私が分析した三角縁神獣鏡のデータでは、スズを平均二三％程度含んでいる。このようにスズの含有量が高いため、鏡面を丁寧に研磨された鏡は、もともとは銀白色に光り輝いていたのである。ここに、銅鐸との大きな違いがある。

しかし、現実には、発掘調査で出土する銅鐸も三角縁神獣鏡も、いずれも表面は緑青サビで覆われており、みんな同じように見えてしまう。二〇〇〇年近い年月が、青銅製品の表面を鉱物化し、元の鉱物の一つである緑青に戻してしまうため、それぞれのオリジナルな姿を隠してしまうのである。

「真新しい十円玉」色の銅鐸

一九九三年に、大阪府堺市の下田《しもだ》遺跡から出土した銅鐸は、その意味では特別であった。やはり鰭を立てて埋納された銅鐸がほとんど錆びていない状態で出土したのである(カラー口絵参照)。「真新しい十円玉の色をしている」、と出土してしばらくたって連絡を受けた私は、取り上げた銅鐸を、窒素ガス中に封入するなどの努力をしたが、まるで玉手箱を開けた浦島太郎のように、銅鐸がサビに覆われていくのをただただ見ている他なかった。銅鐸のオリジナルな状態を維持するのにとてもいい土壌環境から、突然大気中に曝された銅鐸の急激な変化である。自然の力の偉大さに改めて感服した。今なら、もう少し対策が講じられたという思いがあるのも事実ではあるが、そのときはこの急激な変化をただ見守るしかなかった。

この銅鐸の発見は、古代金属器のオリジナルな色を改めて考える上でもたいへん貴重であった。今では、ほとんどの銅鐸が厚く緑青サビで覆われているが、弥生時代には「金属光沢」を発していた可能性が高いのである。この下田銅鐸は、実際には五%程度のスズしか含んでいなかったので、「十円玉の色」をしていたというわけである。

当時の風景を想像してみよう。緑の山野が広がる自然の中で、人間が人工的に作り出した金属器が放つ金属光沢の輝き。これに対して、当時の人たちが抱いた感覚は、身の回りに金属が溢《あふ》れ、メタリックな光沢に満ちている生活空間で暮らすことに慣れてしまっている現代の我々の感覚とはまったく次元の異なるものであったのではなかろうか。それは、異質な輝きに対する違和感なのだろうか。それとも、畏敬する感覚なのだろうか。おそらく、双方が入り混じった複雑なものだったのだろうが、彼らの日常とかけ離れた異様なものであったことだけは間違いない。このような観点から、この時期における、銅鐸などの金属器を改めて見直してみる必要があるのではなかろうか。

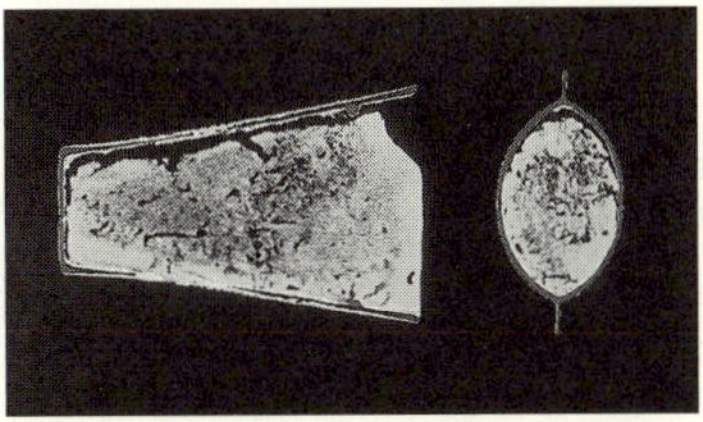

図2-5　下田遺跡出土の銅鐸．X線CT画像．大阪府文化財センター蔵，画像：著者

X線で銅鐸を見る

調査の過程で、中に土が詰まったままの状態のこの銅鐸の内部をX線CTで窺った。土中に埋もれていた銅鐸の内部を世界で初めて覗いた画像は、まるで魚の胴を輪切りにしたかのように見えた。この画像を最初に見たとき、「鰭《ひれ》」とはまったくうまく命名したものだ、と大いに感心した。本当に魚の鰭のように思えたのである。

内部の土が、何となく小さな塊状に見えるのは、弥生の人たちが土を丸めて捏《こ》ねた痕跡ではないのか、との議論も出た。画像データをとった私自身も、この議論に参加してみたい衝動に駆られたが、これだけの情報では何とも答えようがない、というのが正直なところであった。

しかし、銅鐸本体に、鋳損じた欠損部はあるものの、本体の薄い仕上りとその均一さや、緩やかなカーブを持ったおおらかな形状など、当時の鋳物づくりの技術水準の高さを見せてくれるには、十分な成果を挙げることができたと思っている。

地中の情報――ナチュラル・アナログ

さて、下田遺跡の銅鐸は、また別の観点からもたいへん重要な情報を提供してくれることになった。それは、銅鐸が、二〇〇〇年もの長い間、ほとんど錆びずに埋納されていた土壌の環境はいかなるものであったのか、という疑問に対してである。

このような観点から、考古遺物の埋蔵環境を調査しようとするのが、「ナチュラル・アナログ」という分野である。工業的な材料開発においては、腐食などの耐久度は実験室における腐食促進実験の結果で判断されるのが一般的である。材料寿命をせいぜい数十年、長くても一〇〇年として見積もる場合にはこれでも十分であろう。しかし、それ以上の長期間にわたる腐食などの材料寿命の推測に関してはデータ不足となる。そこで、長期間土中に存在していた考古遺物からデータを収集し、蓄積しようとする試みである。下田遺跡の調査では、銅鐸を取り巻く土壌がシルト(砂と粘土の中間)状の砂質で水はけが良く、常にきれいな水が循環されていた様子や、まったく錆びていないように見えた銅鐸から、銅成分がかなり遠くまで溶け出していた状況など、それまでにはわからなかった情報を提供してくれることになった。

「ナチュラル・アナログ」の応用の一つとして，原子炉などで放射化した廃棄物，いわゆる放射性廃棄物を土中深くに隔離する「地層処分」に有効な容器の材料設計に欠かせない基礎的データの提供がある。実際に，下田遺跡の銅鐸に対して，私が一連の調査を始めるのとほぼ同時に，銅鐸の埋納状況，特に土壌に関するデータを，動力炉・核燃料開発事業団(当時)が収集を始めていた。双方の調査が，期せずして協力した形で行われることになったわけである。そして，これが日本における「ナチュラル・アナログ」の応用として，本格的な成果を挙げた第一号となった。とはいえ，日本の金属技術は弥生時代から始まるわけであるから，金属製の人工物に対しては，日本ではたかだか二五〇〇年以上の長期間のデータは収集不可能なのである。半減期の長い放射性物質を隔離する容器の材料設計では，この程度の短期の観察データは，参考値としては役立つだろう。私は，放射性廃棄物の地層処分という単一の目的だけに限った狭義の「ナチュラル・アナログ」ではなく，考古遺物の調査研究自体に，「ナチュラル・アナログ」が必要であると考えている。錆びた銅鐸のオリジナルな色を考えることも，「ナチュラル・アナログ」に他ならないのである。

3　最も簡単で確実な錬金術――権力者の見た黄金夢

金の副葬品が錆びる？

古墳時代に確認されるめぼしい金工品のほとんどは、古墳の副葬品として残されてきたものである。古墳に葬られるような人たちは、当時の社会において、特別な存在であったことは容易に想像がつく。そのような人たちの冥界への旅立ちに供えられたものの一つが諸々の金工品であった。当時の社会における金属、特に「金・銀・銅」の位置づけが見えてくる。特に、金・銀は、特別な存在であり、埋葬された人の権力の象徴であったのだろう。そして、金色、銀色に彩られた豪華な金工品は、古墳という限られた一点に集中し、被葬者とともに暗闇の世界で静かに眠ることを余儀なくされたのである。

しかし、日本の古墳が発掘された際に出土する副葬品は、金・銀の彩りなどとは程遠く、そのほとんどは緑色の緑青サビに覆われている。金は、錆びないはずなのに。

答えは簡単である。日本の古墳の副葬品で、金無垢のものは極めて珍しい。製作当初、金色をしていた金工品の本体は、実は銅や青銅であり、表面だけを金で覆った、いわゆる鍍金《ときん》（金メッキ）製なのである。「日本の」とわざわざ謳《うた》ったのにはわけがある。例えば、朝鮮半島では、古墳の副葬品にはもちろん鍍金のものもあるが、金無垢のものも多い。したがって、発掘されたときも、その輝きは失われてはいない。韓国慶州の有名な墳墓、皇南大塚《こうなんおおつか》などでは、冠や腰飾りなど、金製の副葬品がぎっしりと詰まった煌《きら》びやかな雰囲気の持つ迫力に圧倒されてしまう。

本体の形を銅や青銅で作って、表面だけを鍍金によって金色に仕上げたものを、「金銅《こんどう》」と呼ぶ慣習がある。これは、金銅という合金があるのではなく、銅の表面だけを金色に仕上げたものをさすのである。銅の見かけを金に変えるのだから、最も簡単な錬金術といってもよかろうか。

水銀を使った鍍金法

では、「鍍金《ときん》」とはどんな技術だろうか。

一言でいえば、表面だけを金色に変えるのが鍍金法であるが、古代において最も一般的なのが、水銀を用いた金アマルガム法である。アマルガムというのは、水銀合金をさす。水銀は、常温で液体状態にある唯一の金属である。この水銀、金とはすこぶる相性がよく、簡単に合金、すなわち金アマルガムを作る。水銀に金を近づけると、すっと溶け込んだように消えてしまう。私も、初めて実験したときに、本当に驚いた。まさに、「滅金」。これが「めっき」の語源ではないかと、信じたくなるほどである。金が溶け込んだアマルガムから、鹿皮や反古紙《ほごし》などによって余分な水銀を搾《しぼ》り出し、金アマルガムの硬さが耳たぶ程度になれば、準備完了である。

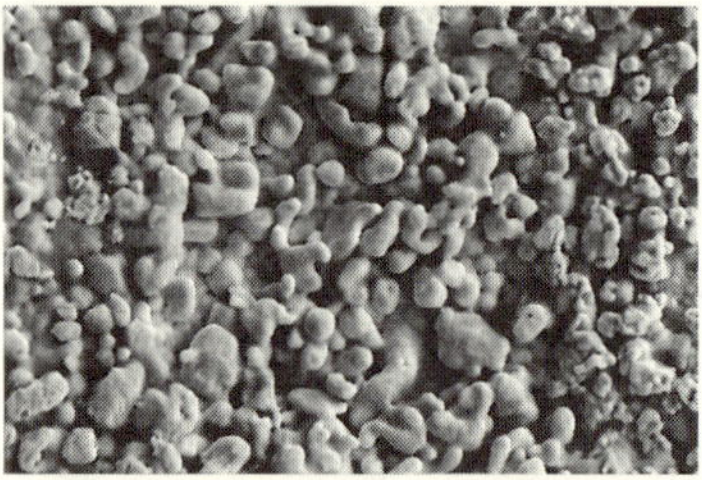

図2-6　水銀を飛ばしたあとの鍍金表面．電子顕微鏡写真：著者

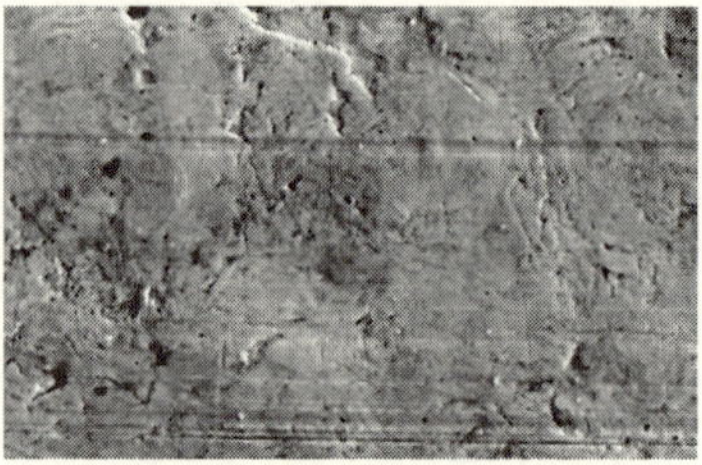

図2-7　ヘラ磨き後の鍍金表面．電子顕微鏡写真：著者

ここでは、現代の金工に伝わる伝統的技法を通して「鍍金」を覗いてみよう。まず、銅の表面を清浄にする。昔は、梅酢を用いたというが、今は硝酸水銀を用いるようである。そして、金アマルガムを適量とり、できるだけ均一に銅の表面に延ばしていく。この時点では、表面の色は、水銀の色である銀色をしているが、これを火にかざしてしばらくすると、スーッと水銀の色が抜けて、金色に変化する。だいたい三五〇℃ぐらいで、水銀が蒸発するためである。ご承知のように、水銀は人体にとって有害である。このように、水銀を蒸気にして大気中に飛ばすことはたいへん危険であるとともに、環境汚染にも繋がる。現在では水銀の回収装置のない状況でのこの作業は禁止されている。

一般には、熱を加えて水銀を飛ばして黄金色が出れば鍍金は終了したようにいわれているが、この状態で得られた金色では、未完成である。図2-6は、電子顕微鏡で観察したこの状態での鍍金層表面である。数ミクロン程度の金アマルガムの粒子がぎっしり表面に析出しているため、肌が細かく荒れた状態で、光がランダムに発散してしまうため、光り輝くシャープな金色には程遠い。表面に残るミクロな凹凸を、鉄ヘラのようなもので丁寧に平均化して、ようやく光り輝く金色が得られるのである。これが、ヘラ磨きという作業である。図2-7は、ヘラ磨きを行った後の表面の状態である。金アマルガム粒子のミクロな凹凸が均《なら》されて、表面が平滑になっていることがわかるだろう。実は、古代の金銅製品はすべて最後のヘラ磨きがなされているといって過言ではない。こうして、ようやく金無垢の金製品を髣髴《ほうふつ》とさせる、銅の表面だけを金色にする技術が達成されるのである。

実は種を明かせば、私が古代の金工品を調査して、金アマルガムによる鍍金と判断する根拠の一つがこのヘラ磨きの痕跡である。いくら丁寧にヘラ磨きを行っても、鏨《たがね》によって彫られた細かい線刻の底などに、金アマルガム粒子が潰《つぶ》れずに潜んでいる部分が必ずある。これを、顕微鏡で探し出すのである。もっとも、古代工人の粗捜《あらさが》しをしているようで、少々気が引ける話ではあるけれど。

鉄に金銅板を貼る

さて、考古学でいう「鉄地金銅張り《てつじ》」とは何をさすのだろうか。特に、古墳時代の馬具などに多い。水銀は、鉄とはすこぶる相性が悪い。化学的には、濡れ性が悪いという。つまり、鉄は基本的にアマルガムを作らないのである。だから、水銀を用いて鉄の表面だけを金色にした「金鉄」は存在しない。しかし、鉄は、強靭さにおいて銅に勝る。鉄で作った馬具を金色に見せるためには、表面を金色に鍍金した薄い銅板、すなわち金銅板を貼ればよい。これが、「鉄地金銅張り」の基本である。材料の複合化によって、強靭さと華麗さを兼ね備えようとする古代の知恵である。言い換えれば、鉄を、少量の金で金色に変える知恵でもある。

この「鉄地金銅張り」を含めて、日本の古墳の副葬品には、金銅製品は実に多い。当初、金色の輝きを持っていた金銅製品は、長い年月の間に、金色の鍍金層の表面が、腐食により溶け出した下地の鉄や銅のサビで覆われることになる。憧れの黄金色に囲まれて、永遠の眠りについたと信じた被葬者たちは、この変わり果てた副葬品の姿を予想し得ていたのであろうか。まさに、古代の「黄金憧憬」を錆び色で覆い尽くしてしまう物質の冷厳たる現実を象徴しているかのようである。これが、また一種の無常観を生み出していると感じるのは私だけだろうか。錬金術は、簡単ではないのである。

4　金糸は糸ではない

日本の古墳の副葬品の中で、黄金の輝きを失わない金無垢のものとして、私はこれまでに垂飾付耳飾《すいしょくつきみみかざ》りや日本で唯一の出土例である和歌山市車駕之古址《しゃがのこし》古墳出土の金製勾玉《まがたま》など、数は少ないものの貴重な遺物を調査する機会を持ってきた。「金糸《きんし》」と呼ばれるものもその一つである。

出土した金糸の巧妙なつくり

一グラムの金を延ばして糸状にすると、三〇〇〇メートルにもなるという。これは、現代技術でいう金線である。しかし、古代の金糸は、そんな単純な姿をしていない。

島根県出雲地方の上塩冶《かみえんな》地域の丘陵の山肌にたくさん開いた小さな上塩冶横穴墓群の一つから、金糸が塊になって出土した（カラー口絵参照）。時代は六世紀後半と見られる。被葬者の遺体やその他のものが皆すでに消え去っている中、床土の中で細く小さなものが金色に光っていた。金糸である。金糸はそれまで、首長級の古墳からの出土例はあったが、小さな横穴墓からの出土は、鳥取県のマケン堀古墳に続く二例目であった。一九九三年のことである。

この金糸、材質とともに、細部を詳しく観察すると、意外にもなかなか巧妙なつくりをしていることに驚く。材質は、基本的に金が九五％以上と純度が高い。これも驚きだが、誰もが想像する単純な金の細い線、すなわち金線ではないのである。現代の我々が、金属で細い針金を作るとすると、すぐに思い浮かぶのが「線引き加工」である。金属線を、入り口から少しずつ直径が小さくなるように傾斜をつけた穴を持つダイスという型に通すと、引き抜かれた金属線は出口の直径を持つことになる。順次、ダイスの穴を小さくしていくと、目的とする直径の針金ができる。私は、一例だけ古代の金製品で確認しているが、太さが均質な金の針金線を作る技術は高度で、その当時まだ一般に獲得できていたわけではない。

古代の金糸は、金の薄いリボンを螺旋状に撚《よ》った中空のパイプ構造をしているのである。図2-8に、この構造を作る手順を模式的に示した。特に電子顕微鏡で観察した金糸の姿(図2-9)は、当時の工人の「モノづくり」の痕跡を物語ってくれる。

私が注目をしたのは、たった一五ミクロンの厚さの金の薄い板を幅三〇〇ミクロンのリボン

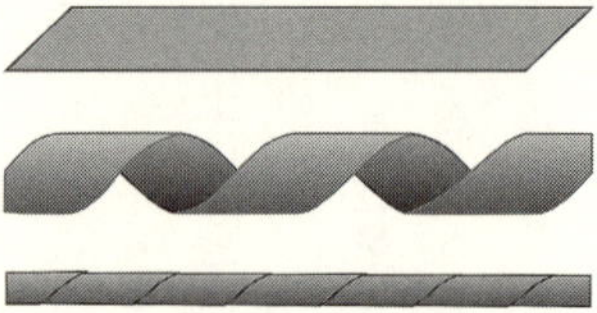

図2-8　古代の金糸作製の手順．著者作成

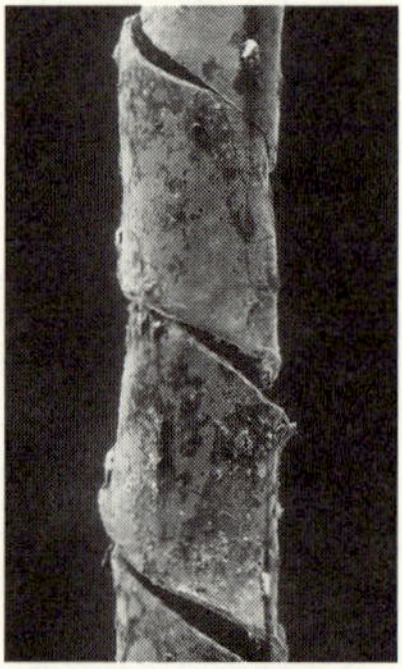

図2-9　金糸(マケン堀古墳)．電子顕微鏡写真．鳥取県南部町教育委員会蔵，写真：著者

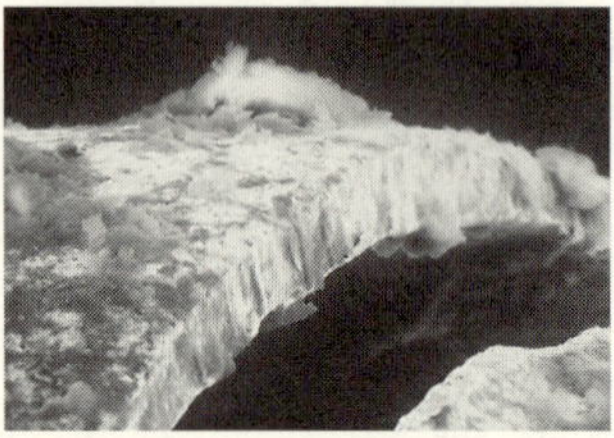

図2-10　図2-9の厚さ15ミクロンの金リボンの切断面．電子顕微鏡写真．鳥取県南部町教育委員会蔵，写真：著者

にし、それを太さ一五〇ミクロンのパイプ状に撚る技術である。薄くした金の板は、その切り口に残った道具の痕跡を見ると、裁断されていることがわかる（図2-10）。すなわち、ナイフなどで切ったものではなく、押し切りのようなもので裁断したものである。私は、ハサミを使った可能性も想定している。

現代の我々が、一五ミクロンの厚さの金属を実感するのは、いたって簡単である。キッチン用に市販されている一般的なアルミホイルの厚さが正に一五ミクロンなのである。試しに、これを細く切ってみるといい。もちろん、金とアルミでは素材の違いからくる作業性に大きな違いはあるが、古代工人の手わざの凄さを実感するには十分であろう。これだけの薄い板状に金を均一に延ばす技術、さらにはそれをリボン状に裁断し、中空に撚る技術、どれをとっても驚嘆に値するのである。

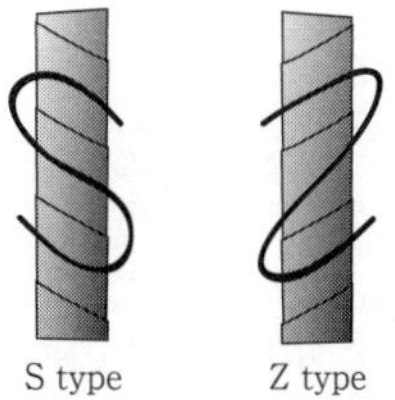

図2-11　金糸の撚り方のSタイプとZタイプ．著者作成

なぜ金を撚るのか

もう一度、図2-9を見てみよう。古代の工人が金を撚った様子がよくわかる。手で糸を撚ると、撚りの方向に二つの方向性ができる。いわゆる、SタイプとZタイプである。

古代の金糸は、ほとんどSタイプである。ということは、古代工人は、右利きが多かったということだろうか。なぜかというと、私は左利きで、糸を撚るとZタイプになるからである。

ちなみに、Zタイプの金糸は、兵庫県加古川市の升田山《ますだやま》15号墳から出土した金糸に一例認めた。この古墳から出土した金糸は、組成も銀の含有量が多く、また作りも細めであるなど、他の古墳から出土した金糸とは趣を異にしていた。まったく異なる工人集団の手による金糸ということもいえるのであろうか。

では、古代の金糸は、なぜこんな構造をしていたのだろう？　私は、それは機能性に関わると考えている。先に述べた方法で作った均一な太さの金の針金は、純度が高いと実に軟らかい。一度曲げたら曲がったままで、元に戻ることはない。しかし、螺旋状の中空パイプなら、フレキシブルで少しぐらい曲げても、また元に戻る復元力を宿すことになる。古代の金糸は、織糸のように布地に織り込むのではなく、おそらく糸を芯にして布地に刺繍のように纏《まとわ》り付けて、文様を作ったと考えられる。着衣のような柔らかい布地を飾るためには、ある程度の復元性が求められる。中空パイプ状の金糸は、これに十分応《こた》えられる機能を備えているのである。ここにも、古代工人の知恵が働いているのではなかろうか。

古墳時代の日本で見つかっている金糸は、おそらく朝鮮半島で製作されたものが主と考えてよいだろう。しかし、金糸そのもののルーツは、さらに西方に求めることができる。例えば、東地中海地域でも、同様の金糸が豊富に見出せる。フィリグリー(金線細工)として、彼らはやはり服飾品の飾りに使ったようである。

もともと朝鮮半島から伝来したと思われる螺旋状の古代金糸も、やがて七世紀の後半には日本で作られるときが来る。その詳細は、後の章に譲り、ここでは、わが国の金糸の歴史を簡単に見ておきたい。

金糸——古代から現代まで

古代の金糸は、金の薄いリボンを螺旋状に撚ったものであることは述べた。

その後、時代が下がると、金糸は、金箔を貼り付けた紙を細く条に裁ったもの、いわゆる平《ひら》箔《はく》と、芯糸の回りに平箔を巻いて撚った金糸へと大きく変貌を遂げていく。中世から近世にかけての金糸は、ほとんどこのタイプである。今でも、伝統的な平箔は、和紙に漆を塗り、その表面に金箔を貼り、そしてこれを細い条に裁断して作る。金襴は、平織、綾織などの緯糸《よこいと》に平金糸や撚金糸を交えて、文様が浮き出るように織ったものである。

さらに、金ラメなどと呼ばれる現代の金糸は、「真空蒸着」の技術で作る。真空中で金の代用としてアルミなどを加熱して蒸発させる。この蒸気をポリエステルの薄いフィルムの表面に蒸着して、フィルムの表面だけを金色にする。このフィルムを裁断して細く仕上げると、現代の金糸ができるのである。

5 「イヤリング」に秘められた古代工人の技の粋

すべての金工技術が登場

古墳時代の馬具や、耳飾りなどの装身具を調べていくと、現在考えうる金工の技術の基本はすでにほとんどすべて登場していることに驚く。そして、さらに現代科学の粋を結集しても解明できない技術が用いられていることに改めて感服することがある。

耳飾りといわれている金工品、ちょうど視力検査表でおなじみの「C」型をしたランドルト環に似た形をした遺物は、「耳環《じかん》」と呼ばれ、日本各地の古墳からたくさん出土する。考古遺物としては、あまりにもポピュラーなので、日本で出土した耳環の総数を把握している考古学者は誰もいないのではなかろうか。そして、その形態があまりに単純なためだろうか、形態的特徴による分類を主な拠りどころとする日本の考古学においては、耳環は研究対象としての存在感が意外に希薄なのである。

しかし、この耳環を科学的な調査で丁寧に追っていくと、一筋縄ではいかない、なかなか手強い相手であることがわかってくる。

まず、その材質である。耳環は、基本的に芯の部分とそれを包む表面被覆材で構成されるが、この組み合わせでもかなりのバラエティーがある。例えば、芯材の基本は銅であることが多い。しかし、たまには鉄もあるし、スズや鉛で構成される場合もある。中には、芯材がなく中空のパイプ状をとるものもある。そして、芯材の周りを覆う表面被覆材としては、銅の薄板を鍍金や鍍銀したものもあれば、金や銀の薄板そのものを巻くものもある。また、銅製の芯材に直接鍍金したものもある。最近の調査で、鉄製の芯材の耳環は、表面を薄いスズ板で被覆されていた可能性があることもわかってきた。このように、材料の組み合わせだけでも、実に多様なのである。

さらに、耳たぶを挟むスリットの部分の端面の仕上げの状態も手が込んでいる。

例えば、芯に巻き付ける表面被覆材の余った部分を適当に絞り込んだままにしているものや、ちゃんと蓋を付けてきれいに仕上げているものなど、これにもいくつかのタイプがある。

このように、単純なC形の耳環本体をしっかりと作る技術は、実は相当に高度なのである。

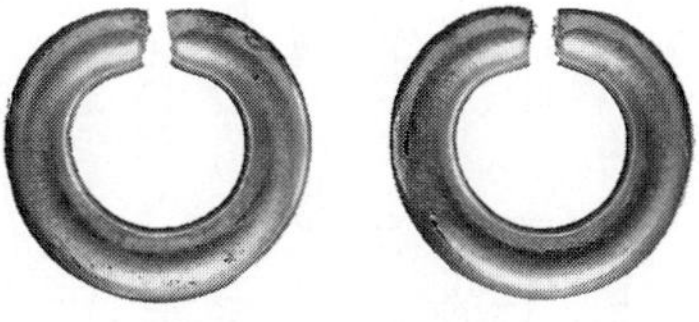

図2-12　金製耳環(明日香村八釣古墳)．奈良県明日香村教育委員会蔵，写真：著者

接合材「銀鑞」の発見

六世紀後半の兵庫県高川《たかがわ》古墳から出土した耳環は、大きく割れた状態で発見されたため、薄い銅板をパイプ

状に巻いて作った中空の構造であることがよく観察できた。私は、丸くパイプ状に成形した銅板の継ぎ目に注目し、顕微鏡で詳しく観察することにした。すると、薄い銅板を重ねた部分に銀色に輝く接合材の存在を見出すことができた。これが、現在日本で確認されている最古の「銀鑞《ぎんろう》」の発見である。銀鑞とは、金属同士を接合する合金の一つである。接合しようとする金属の融点より低い温度で熔ける合金を接合材として間に挟んで、本体同士を接合する技術を「鑞付《ろうづ》け」という。この耳環に使われた銀鑞は、銀と銅の合金であり、現代の日本工業規格(JIS)でも基本的に同様のものが挙げられている。

鑞付けの素材は、現代の工業技術では、融点四五〇℃以下の軟鑞《なんろう》と四五〇℃以上の硬鑞《こうろう》に分けられる。子供の頃、工作で使ったハンダも、同様に鑞付けの一種であるが、こちらは鉛とスズの合金で、融点が二〇〇℃程度と低くて扱いやすい。これは、軟鑞の代表である。ところが、銀鑞はその融点が六五〇℃以上と高く、しっかりと接合するためには、ハンダよりも高度な技術を要する。しかし、古代では、なぜかこの銀鑞のほうが、よく使われているのだから、不思議である。

その後、銀鑞の存在を、相次いで確認することになった。七世紀初頭の島根県木次《きすき》町の平ケ《ひらが》迫《さこ》横穴墓から出土した金銅製刀子《とうす》の鞘《さや》の接合にも、同様の銀‐銅合金の銀鑞が使われていた。さらに、銀鑞は装身具だけではなく、七世紀の遺跡、古代の水時計、「漏刻《ろうこく》」で有名な奈良県明日香村の水落《みずおち》遺跡の地下に配した銅管の継ぎ目の接合にも使われていた。ただし、この銅管の鑞接《ろうせつ》部は完全ではないので水漏れを防ぐために漆で固めて、さらに木樋《もくひ》に埋め込まれていた。

何層にも重ねた金

ここで、最近調査したおもしろい耳環をもう一つ紹介しておこう。これも六世紀後半と見られる福岡市桑原石《くわばらいしが》ヶ元《もと》古墳から出土した金製の耳環である。太さ二ミリに満たない金の針金を、直径二・八センチの輪にしただけのシンプルなもので、先に挙げた「C」型の一般的な耳環とは大きさも異なり、趣を異にしている。一見、太目の金製の針金を無造作に丸く輪に細工しただけに見える。分析をすると、金と銀がそれぞれほぼ五〇%の組成を示し、見た目も少々青白い。

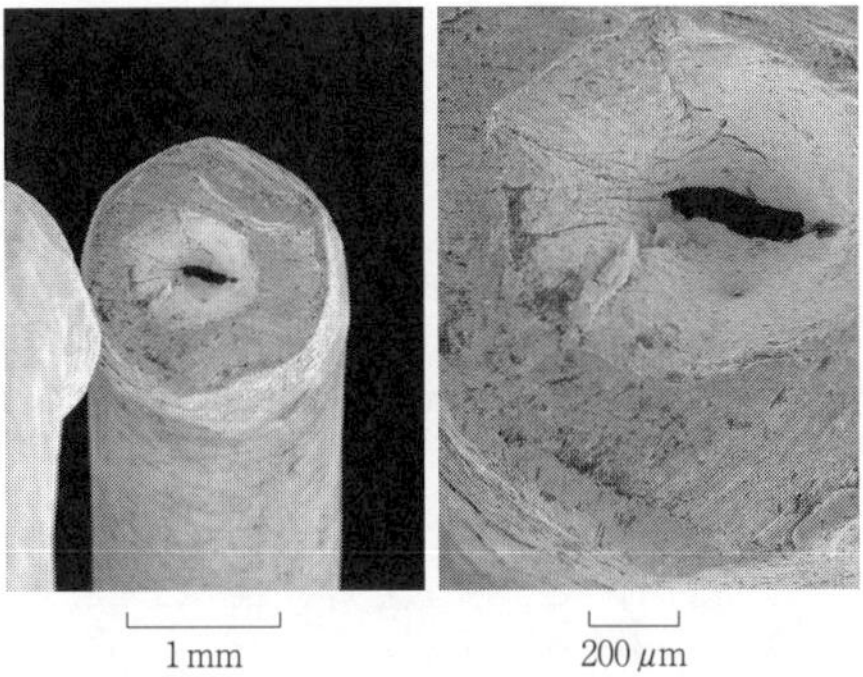

図2-13　何層にもなった金製耳環の端面．電子顕微鏡写真．福岡市教育委員会蔵，写真：著者

この耳環を、電子顕微鏡を使って詳しく調べていくと、これほど複雑な作りをしているものに滅多に出合えないことがわかってきた。本体はただ金製の針金を輪にしたものではないのである。その証拠を耳環の輪の切れた端面に見出すことができた。端面には、厚さ約二〇ミクロンの金の薄板を何層にも重ねて構成され

た複合体（図2-13）の姿が窺えたのである。驚いたことに、最終的に本体を仕上げるのに表面を同じく金の薄板数枚で巻いてあるではないか。当初の予想を超え、あまりに常識を超越した姿であるため、私はしばらくこの状況を理解できなかったほどである。

私は、この耳環の製作技術を、「金薄板積層成形技法《きんうすいたせきそうせいけい》」と名づけた。金糸のところでも紹介したが、現在一般に市販されているアルミホイルの厚さが一五ミクロンであるから、二〇ミクロンの厚さを想像するのは難しくないだろう。しかし、これをどうやって積層にするのか。おそらく、加工と熱処理を組み合わせて、作り上げているとは想定できるが、これも想像の域を出ない。また、何のためにこんな手の込んだことをする必要があったのだろうか。そもそも二〇ミクロンの厚さの薄板を作ることからしてもたいへんな技術なのである。

見えないところに腕を振るうのが工人の粋、なんて洒落《しゃれ》たことをいっている場合ではない。細かい部材を複合して材料の特性を向上させる知恵は、それこそ現代工学のめざすところである。この耳環も、金無垢のただの針金よりも硬質な質感があり、確かにバネ性も向上している。型崩れせずに装着する機能性に対するニーズを意識した結果と考えてよいのだろうか。残念ながら、この耳環を切断して断面の詳細を観察するような調査ができないので、これ以上のことは現時点ではわからない。

それにしても、私が電子顕微鏡でようやく確認できるほどの細かい作業を、手元を照らすライトもなく、拡大するルーペもなく、満足な道具もないような状態で、簡単に仕上げてしまう古代の工人たちはどんな連中なのだろうか。すべて手の技でこなす工人の超人ぶりには脱帽するしかない。

六世紀後半から七世紀初頭にかけて、現代の工業技術の根幹となるような技術の基本のほとんどは登場していると見てよいことが、一見シンプルな形態をした耳環の調査研究を通して、見えてくるのである。

第三章　仏教伝来から、律令のもとで

——定着期の「金・銀・銅」——

古代日本の文化や社会構造に大きな変化をもたらした出来事の一つに、「仏教伝来」を挙げてよいだろう。仏教が、当時の社会に与えた影響はさまざまな観点から論じられているが、ここでは仏教がもたらした変化を金属、特に「金・銀・銅」を通して見てみよう。

朝鮮半島からの仏教伝来に関しては、諸説あるが、ここでは五三八年として話を進める。ただし、これも記録上のことであり、実際にはさらにさかのぼる可能性もあるだろう。

「金・銀・銅」の観点から見れば、六世紀中頃では古墳はたいへん大きな存在である。特に金・銀はすべて古墳に集中していたといっても過言ではない。仏教が伝来したからといって、「金・銀・銅」を取り巻く状況に突然目に見えるような大きな変化が現れたわけではない。仏教そのものの受容に関しても、『日本書紀』などに記された蘇我《そが》氏と物部《もののべ》氏との確執を見るまでもなく、本格的に受け入れるまでには時間を要している。

仏教の影響を最も早くから受ける畿内であっても、巨石古墳などの大型古墳は、むしろ仏教伝来以降の六世紀後半のほうが隆盛であり、前章で紹介した耳環などの事例も六世紀後半のものが多い。華麗な壁画で有名になった奈良県明日香村の高松塚古墳や、キトラ古墳などは、七世紀後半から八世紀前半の築造とされている。

古墳自体の消失は、仏教の影響だけではないさまざまな要因が考えられるだろう。しかし、仏教の伝来によって、それまで「金・銀・銅」が、古墳への一点集中から解放される契機となり、「金・銀・銅」そのもののあり方に、少なからぬ影響を与えることになったことには間違いない。

定着期――点から面へ

「金・銀・銅」が、それを所有した人の死とともに古墳という閉じた空間に移されるという、限られた人たちの死後の世界のためだけの存在から、一般の人々の目に触れる存在に開放されるようになるのには、仏教の影響が大きかった、と私は考えている。そして、この仏教伝来の時期を画して、日本の「金・銀・銅」は、草創期から定着期に入ったと見るのである。「金・銀・銅」が、古墳という一点に集中し、ほとんど人目に触れない状況から、仏教の伝来を機縁に、寺院などの拠点を核にするものの、少しずつ面的な広がりをもって、人目に触れる存在になっていくのがこの時期なのである。すなわち、点から面への展開の契機と位置づけるのである。

本格的な寺院の建造とともに、やがて律令の制定により、本格的な都城の建設が始まる。「金・銀・銅」は、まさにそれらの荘厳《しょうごん》のために重要な位置を占めることになる。そして、私は、「金・銀・銅」の定着期の終焉を奈良東大寺の大仏の開眼供養《かいげんくよう》(七五二年)に置いている。大仏自体が、百済系三世にあたる大仏師国君麻呂《くにのきみまろ》を総監督に完成を見たという。この時点で、主に朝鮮半島の技術者によってもたらされた金属に関わる技術、先に述べた「第一の技術」、「第二の技術」の双方が、しっかりと日本に定着したと見てよいだろう。

1 日本最初の仏教寺院、飛鳥寺の塔心礎出土の鎮壇具

日本で、最初に建てられた寺院は、五八八年に建造が始まった飛鳥寺《あすかでら》とされる。この寺の造営には、百済から渡来した僧とともに、露盤《ろばん》博士や瓦博士など、さまざまな渡来系の技術者が関わった。六〇九年に完成した飛鳥寺の本尊、丈六の金銅仏である飛鳥大仏は、鞍作止利《くらつくりのとり》の作といわれる。もともと馬具の作り手である渡来系の技術者が、仏像の製作に関わったこと自体、この時期の時代性を反映した出来事なのであろう。なお、止利は、その後、法隆寺金堂の釈迦三尊像も製作したとされる。

塔心礎に埋納された金・銀

約二〇年かけて造営された飛鳥寺の全容が再び蘇ったのは、一九五六年から奈良国立文化財研究所が行った発掘調査によってである。特に、この発掘調査で明らかになった三つの金堂が塔を囲む伽藍配置は、日本では他に類を見ないものであり、朝鮮半島の影響を色濃く反映したものとして注目された。

この飛鳥寺の塔心礎《しんそ》に、供養のために埋納された宝物、すなわち鎮壇具《ちんだんぐ》は、古墳の副葬品と

の関係を見るには恰好の遺物であった。一般的な古墳の副葬品でおなじみの耳環や歩揺《ほよう》付金具などが納められている中で、金製や銀製の特徴的な遺品が一緒に加えられていた（カラー口絵参照）。金や銀でできた玉と、薄く打ち延べた延板《のべいた》である。金は、変わらぬ黄金色をしていたが、銀は黒く変色してしまっており、一見では銀とは思えない。

ここでおもしろいのは、これら金・銀製遺品の形態である。金製や銀製の玉は、大きさの違いがあるものの、七世紀後半から八世紀前半にかけての終末期の古墳に副葬されている事例もあり、これが最終的な姿として作られた製品と見なしてもよいのだろう。

私が特に注目したのは、金と銀の延板である。金製の延板が、寺院の鎮壇具として納められていた事例は、その後、興福寺中金堂などでも認められる。金製の延板は、最大四〇センチ近くもある大きなものもあり、また一緒に納められた銀製の延板は、しっかりとした形態を持っている。しかし、飛鳥寺の塔心礎から見つかった金・銀製の延板は、全体に小ぶりで、形も大きさもまちまちであり、いずれも何かを作った最終的な姿には見えない。私には、これを使ってモノを作るための素材を、そのまま埋納したのではないかと思えるのである。

銀を含む金、銅を含む金

飛鳥寺塔心礎から出土した金製品は、延板状七点、金粒状一点、計八点である。延板状は、大きく三タイプに分類できる。①大きめのもの、二点（折りたたんだ一点を含む）、②比較的小さなもの、三点（大きさ二センチ程度で折り目がある）、③小さなインゴットを細くたたき延ばしたもの、一点。さらに、④として、金粒状、一点である。

これらを分析してみると、材質は形態の違いに対応して分類できることがわかった。タイプ①は、金の純度が、約九八・四％と高く、残りは銀と微量の銅である。一〇〇％の純金を24K（カラット）で示す表示に従えば、23・7Kとなる。ほぼ純金といってもよい。タイプ②は、金が約八三・七％と少し低くなり、残りが銀で、銅は二％程度である。20・8Kである。タイプ③では、金は八一・二％とさらに低くなり、銀一八％、一％弱の銅を含む。19・5Kである。このように、形態的特徴が、素材の材質に反映された結果が得られ興味深い。これら延板の材質は、主成分の金を、主に銀が補い、微量に銅を含むという、いずれもこれまでに分析してきた古代の金製品に見られる特徴を示している。

これに対して、タイプ④の金粒は、金八〇・八％、銀五・二％、銅一四％という組成を示した。金の純度でいうと、19・4Kとなるが、銀より銅が多い材質である。

自然界で見つかる金は、純金というわけではない。むしろ、一般的に銀を伴うことが多く、金－銀合金といっても差し支えない。これを一般的にエレクトラムと呼ぶ。古代の金製品が自然金を利用して作られた場合、銀が多く含まれているのはまったく自然な姿である。金に銀が含まれると、色味は少し青緑色を帯びるため、金工では、青金《あおきん》と呼ぶことがある。古代の金は、青金が一般的なのである。

一方、金に銅を含むと、少し赤味を帯びる。これを、赤金《あかきん》と呼ぶ。しかし、この組成は、自然界では一般的ではないため、銅を混ぜた金‐銅合金をわざわざ作らなくてはいけない。したがって、古代では、主に銅を含んだ組成を持つ金製品は珍しいことになる。私は、これまでに数多くの古代の金製品を分析してきているが、銅を有意に含む金製品はほとんどない。

鎮壇具が語ること

飛鳥寺塔心礎から出土した金粒が、銅を有意に含んでいることがわかったが、これはたいへん珍しいことなのである。飛鳥寺は、一一九六年の火災で塔を焼失し、創建当初の心礎舎利《しゃり》坑《こう》から鎮壇具が掘り出され、改めて埋め戻されたという。そのときに、失われたものも多いとされるが、逆に新たなものが加えられたことはないのだろうか。銅を有意に含むタイプ④の金粒の材質からこのような想像も膨らむ。金製品の時代性を銅の含有量だけに負わせることができるのか、今後とも古代から中・近世に至るまでの金製品の材質の丹念な追跡の中で明らかにしていかなければならない点であろう。

さて、タイプ①～③の延板状の金製品は、これから何かを作る素材として朝鮮半島からもたらされたインゴットそのものを、鎮壇具として埋納したものと考えてよいのではなかろうか。

日本で初めての仏教寺院である飛鳥寺の鎮壇具に、ほぼ古墳の副葬品と同様のものが納められていたこととともに、金属に関わる「第一の技術」の象徴である金・銀素材のインゴットそのものが埋納されたことは、当時の時代背景を髣髴とさせるのではなかろうか。この時期では、日本では、金・銀に関して、まだ「第一の技術」を達成できるところまで至っていなかったのである。

2　第一次鉱山ブーム——貢物としての鉱物資源

金属材料を国産で

日本最古の勅撰の歴史書である『日本書紀』や、六九七年からの正史として編纂された『続日本紀』をひもとくと、ちょうど七世紀の中頃から、金、銀などをはじめ、日本の古代に突然、鉱物名が登場してくることになる。どうやら七世紀の後半は、鉱物資源を国産で調達しようとする機運が盛り上がった時期のようだ。

律令による国の体制を整えようとする時期であり、自前の資源確保は国家的急務の一つであったのだろう。ただ、どの程度の開発が行われ、鉱山としての機能が整えられるまでの整備がなされたものかどうか、その詳細はよくわからないが、私はこの時期を、日本における「第一次鉱山ブーム」と呼ぶことにしている。

まず、『日本書紀』巻二九が、六七四年に対馬国から銀を産出したことを伝えている。対馬国では、その後、七〇一年に金を産し、これを貢上したと、『続日本紀』巻二にある。これを機に「大宝」と改元したが、どうやらこれは朝鮮半島産の金を偽《いつわ》って報告したことが後に判明したようだ。

金に関しては、同じく七〇一年に、陸奥国にて金を産したと記されているが、これも実際にはうまくいかなかったようである。やはり、陸奥国の金といえば、金が大量に貢がれた七四九年に歴史的な意味があろう。ちょうど東大寺大仏の鍍金用の金を欲していた聖武天皇を感激させ、「天平感宝」と改元したという話が有名である。

七世紀の「お雇い外国人」？

私が、これらの記録の中で特に注目するのは、金の発見者や精錬などの関係者として、「百済王敬福《けいふく》」など、渡来人、あるいはその一族が具体的に挙げられている点である。鉱山資源の探査の技術を、朝鮮半島の技術者の力を借りて定着させようとする、当時の姿が髣髴としてくるのである。

弥生時代以来、金属を加工してモノを作る技術は、やはり大陸や朝鮮半島から渡来した人たちから伝授され、かなり高度な技術までこなすようになってきた。しかし、その様子は、日本ではまだ文字記録がない時代のため、具体的には発掘調査によって出土する遺物から窺うしか方法がない。

そして、七世紀にもなると、宮殿や寺院の建立などが盛んになり、金属材料の需要が大きくなるに伴い、日本国内での原料調達の必要性が高まってくる。この時期と『日本書紀』や『続日本紀』という文字記録が扱う時期がちょうどよいタイミングで重なったのである。そのおかげで、主に朝鮮半島から渡ってきた技術者の助けを借りながら、金属原料の調達に関する技術が日本に定着していく実態が具体的に記録されることになった。それまで、原料のほとんどが朝鮮半島などからの、いわゆる輸入品であったものに対し、日本国内で自給できる体制を整えようとしたのが、「第一次鉱山ブーム」なのである。

この時点で、第一章で示した「金属の一生」におけるフローチャートのすべての工程が、日本国内でようやく完結されることになった。原料を輸入して、加工をするだけの段階から、原料を自前で調達するところまで到達したわけである。

ここで、注意を要するのは、七世紀後半という時期である。先にも述べたが、これはあくまでも文字に記録された時期としておかなければならない。金属原料の自前調達の技術は、現時点ではいつからとは具体的にはいえないが、もっと以前から、少なくとも六世紀後半には日本でも始まっていてもおかしくないのではないか、と私は考えている。この点については、今後やはり出土遺物を通して、具体的に語っていく必要があるだろう。

以上のような観点より、仏教伝来から奈良の大仏の完成までを、私は「金・銀・銅」の「定着期」と位置づけている。そして、この背景には、朝鮮半島の人たちを中心とする外国からの技術協力と指導が大きな支えになっているのは間違いない。私には、お雇い外国人の助けを借りながら近代化を達成していった明治時代初期の日本の状況が重なって見えるときがある。

3　古代最大級、最高水準の工房跡、「飛鳥池遺跡」

古代の金工品は、いつ、どこで、誰によって作られたのだろうか。もし、古代の人たちがモノを作っていた跡が出てきて、しかもそこで何を作っていたのかわかったなら、これほどすばらしいことはない。そんな夢をかなえてくれる遺跡がついに登場した。それが、「飛鳥池《あすかいけ》遺跡」である。

「生産遺跡」の発見

飛鳥池遺跡は、奈良県明日香村、日本最古の仏教寺院、飛鳥寺の南東に隣接するゆるやかな谷あいに位置する。発掘調査は、奈良国立文化財研究所によって行われた。一九九一年に一次の調査が行われ、私がこの調査に直接参加するようになったのは、本格的な発掘調査が再開された一九九七年のことである。

飛鳥池遺跡の発掘は、最終的には約一万二〇〇〇平方メートルにわたったが、この遺跡から出土したもののほとんどは、「捨てられたモノ」、すなわち廃棄物ばかりであった。飛鳥池遺跡は、さまざまなモノを作っていた「生産遺跡」であったのである。谷あいの斜面には多数の炉跡やそれに伴う遺構が複雑に重なり、特に谷底近くでは廃棄された遺物が混在する炭層が厚さ

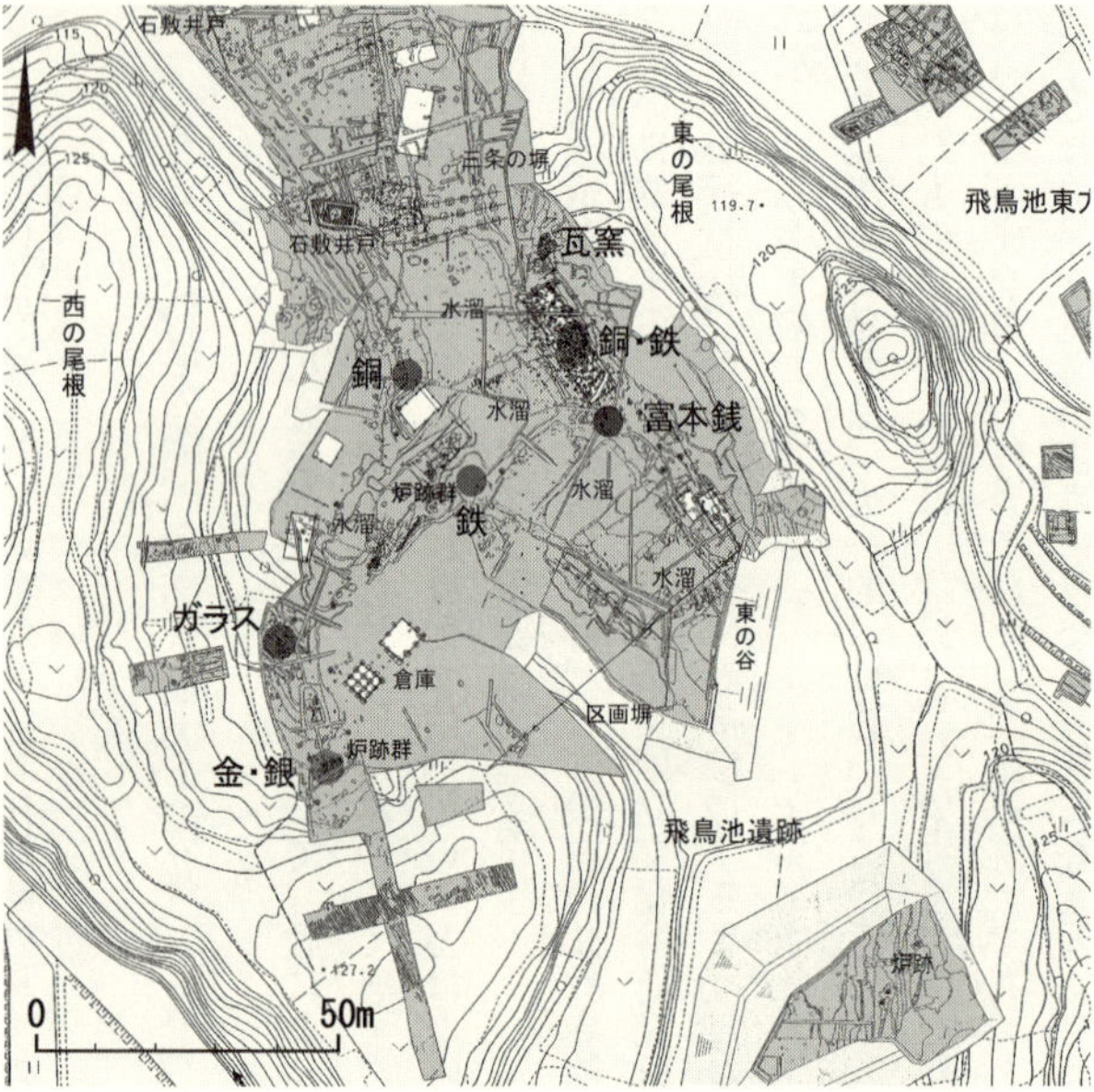

図 3-1　飛鳥池遺跡の概念図．奈良文化財研究所

一メートルにもなっていたところに溜《た》まっていたため、遺構確認をさらに難しくしていた。

　実は、この廃棄物こそが宝の山だった。さまざまな廃棄物を包含した炭層を小分けにして土嚢袋に入れ、ことごとく持ち帰り、篩《ふるい》にかけて細かな遺物まで選別した。その結果、メノウ、水晶、ガラスなどの破片、中には、珊瑚《さんご》や鼈甲《べっこう》などの破片もが見つけ出された。まさに、当時考えられる限りの贅沢な素材を用いて「モノづくり」が行われていた生々しい証拠であった。

　考古学的な詳細な検討の結果、

この遺跡は、七世紀後半、六八〇年前後に稼動していた生産工房である、と位置づけられた。

「捨てられたモノ」の出土

丘陵の南西の上段部では、炉跡の痕跡が多数発見された。炉跡といっても、地面に直接掘られた穴が焼けたものが残っているだけであり、しかもこれまであまり見かけたことのない小さなタイプが多かった。小さなものでは、直径一〇センチ程度に土が窪んだものもある。私は、これらの炉跡群から土をサンプリングし、蛍光X線分析法によって分析することにした。次々と分析していくうちに、少なからぬ興奮を味わうことになった。微量ながらも金や銀の存在が認められるものがいくつも確認できたのである。この現場一帯からは、熔けた金属を容れる器であるルツボの断片などもたくさん出土していた。そして、ルツボ内面に細かな銀粒が残留していることも分析によって明らかになった。これら一連の調査から、炉跡が集中するこの一帯は、金や銀を素材としてモノを作っていた工房の跡だと考えられた。その後、周辺の土の中から、金や銀の欠片《かけら》や切れ端が多数発見されるに至り、その仮説は見事に実証されたのである。

古墳から出土する金・銀は、工人が最終的に仕上げた副葬品に伴う金・銀である。しかし、飛鳥池遺跡から出土した金・銀は、完成品を飾る最終段階のものではなく、製品を作る途中で出る切り屑や金属を熔かしたときに飛び散る熔滴（飛び散った金属が丸く固まったもの）などである。モノを作るときに出る、いわゆるカスである。すなわち、すべて「捨てられたモノ」といってよい。製作途中の「捨てられたモノ」が出土することは、この遺跡が「モノづくり」が行われた「生産遺跡」であることの証しである。

金・銀ばかりではない。銅に関しても、さまざまなものが作られていた。さらに、鉄に関しても、しっかりした鋼《はがね》が作られていたことを、鉄滓の分析から確認している。私は、これほど充実した遺物に恵まれた古代の生産遺跡に出合ったことはなかった。

廃棄物、金糸の失敗作も

飛鳥池遺跡で見つかった「金・銀・銅」を、少し覗いてみよう。

金は、実に多彩である。たたいたり、切ったり、溶かしたりと、「第二の技術」はすっかり定着している様子が窺える。金板の切屑なども、多数出土している。それにしても、こんな豪華な「廃棄物」を排出して、作っていたものは何だろう? 仏像の宝冠などの飾りだろうか。正倉院に伝わるような豪華な大刀飾りだろうか。また、高松塚古墳やキトラ古墳などの副葬品を作っていてもおかしくない。想像は広がるばかりである。

おもしろいのは、金糸が見つかったことである。第二章4で紹介したように、それまで古墳から見つかっていた金糸が飛鳥池遺跡から出土したのである。もちろん、完成品ではない。金糸の小さな破片と、失敗作を丸めた塊である。捨てたモノとはいえ、何を作っていたかがわかる具体的な遺物が見つかったことはたいへん重要である。

金糸の失敗作は、五ミリ程度の大きさに無造作に丸めたものであった。金の純度が九八%と純金に近い。重さは、〇・二九グラムである。この塊を、顕微鏡で観察すると、細い螺旋状にうまく撚《よ》ることができなかったために、潰れて扁平になった金糸の姿が認められた。

古墳の副葬品を飾った金糸は、おそらく朝鮮半島産と見られるが、どこで作られたものなのかその詳細はわからない。飛鳥池遺跡から出土した金糸の失敗作は、飛鳥池の工房で製作されたものに間違いない。かつて、朝鮮半島で製作された金糸が、時を経て飛鳥の地で作られるようになった証しである。百済が滅亡したのは、六六〇年である。この前後に日本に渡った百済の工人たちが技術指導にあたったのだろうか。私は、この金糸の失敗作が、古代における技術移転の生々しい証拠であると考えている。しかし、すでに金糸が古墳の副葬品を飾る時代ではなかろう。何に使おうとしていたのだろうか。あれこれ想像をめぐらすのもまた楽しい。

銀も、金同様にバラエティーに富んでいる。銀の板を加工する際に出た切屑が中心である。金同様、さまざまな飾り金具が作られていたことだろう。中には、大刀の鞘《さや》を吊るす金具である兵庫鎖《ひょうごぐさり》の一部が独立して出土している。繋ぎ合わせて、鎖を作るときにこぼれ落ちたのだろう。飛鳥池工房で、大刀飾りを作っていたのだろうか。

「無文銀銭」は銭!?

「無文銀銭《むもんぎんせん》」の切断片が出土していることも、興味深い。「無文銀銭」は、日本最古の銭として考えられている。六八三年四月一五日、『日本書紀』にいう「今より以降、必ず銅銭を用いよ。銀銭をもちいることなかれ」という詔《みことのり》に登場する

図3-2　無文銀銭(石神遺跡). 奈良文化財研究所蔵

銀銭に符合するとされる。これまでに分析してきた無文銀銭と同様、飛鳥池遺跡から出土した断片も、他に銅などを含むが、銀の純度は概して高く、九五%以上の純度を誇っている。

無文銀銭は、厚さ約二ミリ、直径三センチ程度と少し大きめで、少々歪《いびつ》な円形である。中心に無造作に穴が開く。銀板を打ち延べたものを丸く整形したものと見られる。表面に、○や×のマークを刻印したものもある。中には、文字を刻んだものもある。さらにおもしろいのは、表面に小さな欠片《かけら》を重ねて接合したものがあることである。これは、重さを約一〇グラムに調整するためともいうが定かではない。

では、飛鳥池工房は、無文銀銭の製作に関与していたのだろうか。また、不要になった無文銀銭を再利用していただけなのだろうか。もっとも、無文銀銭自体が銭とともに、銀素材のインゴットも兼ねるという仮説を立てれば、話は別である。かつて、飛鳥寺の搭心礎からも銀のインゴットが出土したことと同様と見ればよい。そして、無文銀銭がもともと銀のインゴットとするなら、飛鳥池工房でも抵抗なく切って、新たなものを作り出すこともできたのではなかろうか。しかし、インゴットなら、わざわざ欠片を貼り付けたりする必要などないわけである。やはり無文銀銭は、言われているように、「銭」なのだろうか。興味の尽きぬ話題である。

飛鳥池の銅製品

飛鳥池遺跡では、銅製品も多数出土した。板金加工によって、さまざまな製品を作る工程で廃棄された切削片や、鋳込みの途中でこぼれた銅滴などが大量に出土している。材質分析を重ねることで、銅合金の材質が加工作業ごとに目的に沿って整然と使い分けられていることがわかってきた。例えば、鍛金作業が主となる板ものの破片は、当時としては高純度の銅、いわゆる熟銅《じゅくどう》が主体である。また、鋳金による溶解作業中に生じた銅滴は、基本的に銅－スズ合金である青銅製がほとんどであった。もう一つ、特殊な銅合金が、「富本銭《ふほんせん》」に特化して用いられていることも判明したが、この点については、次の節で詳しく取り上げる。

このように、飛鳥池工房では、銅に関しても、目的別にしっかりと材質を使い分けて作業を行っていた実態が明らかになったのである。

何のための工房か？

飛鳥池遺跡から出土した遺物の中から、ここでは「金・銀・銅」に注目したが、例えば、ガラスや、漆、木製品などに関しても、当時最高の技術が駆使されていたことがわかってきている。では、このように多彩な材料を使って「モノづくり」をしていた飛鳥池工房は、当時どんな役割をしていたのだろうか。

ここで忘れてはならないのが、飛鳥池遺跡から大量に出土した木簡の存在である。飛鳥池遺跡から出土した八〇〇〇点を超える木簡の中でも注目すべきは、天皇の命令である

「詔《みことのり》」など、宮廷に関わる木簡が出土したことである。時は、七世紀の後半、天武天皇の頃である。飛鳥池工房は、宮廷や皇室と深い関わりを持つことが窺われる。

藤原宮を中心に宮都の造営が盛んになり、また多くの仏教寺院が造営される最中である。飛鳥池工房の「金・銀・銅」は、おそらく宮殿や寺院、さらには仏像の荘厳《しょうごん》に活用されたのであろう。まさに、仏教を基盤とする律令体制を飾る道具をお膳立てした官営工房としての役割を持っていたとしてよいのではなかろうか。

飛鳥池遺跡は、見栄えのしない炉跡が連なる工房跡の集まりにしかすぎない地味な遺跡である。しかし、古代日本の「モノづくり」の原点であり、科学技術史上特筆すべき位置を占める、最重要遺跡の一つなのである。

4 「富本銭」と「和同開珎」——この似て非なるもの

スズか、アンチモンか

古来、代表的な金属をまとめて五金とし、金、銀、銅、鉛、鉄が相当するという。少なくともこれらの金属は、現代の我々がそれぞれ認識している金属とまったく同じものをさすとしてよかろう。しかし、古代の文書、例えば『続日本紀』に出てくるような鉱物や材料の名称が、現代の我々が想定するものとはたして同じものをさしているのか迷う場合も少なくない。現代社会ではありふれている多くの金属が、単独でその存在を認識されるようになるのは、科学史上では中世以降とされるものがほとんどなのである。

例えば、古代でいう「白鑞《はくろう》」は、スズとされている。しかし、正倉院宝物の中で、材質はスズと思われていた金属塊が、実はアンチモンであることが最近の分析調査で判明した事例などは、よい教訓なのではなかろうか。アンチモンとヒ素は化学的には半金属と分類されるが、見た目がスズや鉛によく似ているため、科学的な知識を持ち合わせない古代においては、これらがしばしば混同されたとしても不思議ではない。

そんな中で、スズは古代から単独で認識されていた数少ない金属の一つであろう。単独でも用いられたが、銅の合金、青銅の副次成分としてのスズの存在感は絶大である。青銅は、古代から現代に至るまで世界各地で用いられてきたという点だけを見ても、人類が持ちえた最も安定した合金と位置づけてよい。弥生時代の銅鐸はもとより、貨幣の和同開珎《わどうかいちん》の材質の基本もこの青銅であった。

しかし、同じように貨幣の形態を持つが、これとは異なる材質の系譜をとるものがあることが最近の調査でわかってきた。「富本銭《ふほんせん》」である。飛鳥池遺跡の発掘で、和同開珎より古い貨幣ではないか、と一躍有名になった。ともに、中国の貨幣、「開元通宝《かいげんつうほう》」を模して作られた円形方孔の形をとるが、富本銭の材質は青銅ではなく、銅とアンチモンの合金なのである。

富本銭に取り組む

富本銭は、飛鳥池遺跡から出土したことで有名になったが、これが初めての出土ではない。古くは、一九六九年に平城宮で出土しており、その後一九八五年に平城京跡の井戸の底からも出土した。いずれも、奈良国立文化財研究所による調査である。さらに、一九九一年と一九九三年には、七一〇年に遷都された平城宮より古い藤原宮からも相次いで出土を見た。このような出土状況から、富本銭が、七〇八年発行とされる和同開珎に先行する貨幣である可能性もあると、研究者たちも大いに注目した。富本銭は、もともと江戸時代の絵銭《えせん》とか、まじないのための「厭勝銭《えんしょうせん》」などの通貨ではない銭であるといわれていたため、改めてその価値を問い直す必要があった。

考古学的な意味もさることながら、私の関心は、銅‐アンチモン合金という材質的特徴にあった。古代日本の銅合金におけるアンチモンが、ちょうど一九九五年から飛鳥藤原地域の調査に加わった私の取り組むテーマの一つとなった。

一九九七年五月、「古代銅製品にみられるアンチモンについて」と題して、日本文化財科学会において発表した。そして、これが富本銭をめぐるめまぐるしい展開の幕開けとなったのである。

この発表では、まず富本銭の材質が、銅‐アンチモン合金であり、和同開珎の古いタイプの中にも同様の材質を持つものがあること、小型仿製鏡《ぼうせいきょう》（国産の鏡）にもこの合金製のものがあることなどを紹介し、この特殊な合金を扱う工房がどこかに存在し、和同開珎の原型がここで作られた可能性があることを論じた。また、一九九一年の飛鳥池遺跡の発掘調査で、アンチモンの鉱石である輝安鉱の出土があることも合わせて報じた。

飛鳥池遺跡から富本銭が初めて出土したのは、ほぼ一年後の一九九八年八月のことである。すぐに分析し、紛れもない銅‐アンチモン合金であることを確認した。その後、飛鳥池遺跡で富本銭が続々と発見される事態となって、材質などの確認作業に連日追われることになった。

一九九九年六月、この時点で確認できた飛鳥池遺跡で出土した富本銭の破片三三点と、その関連遺物に対する調査結果を、「飛鳥池遺跡から出土した富本銭の材質について」と題して、改めて学会で発表した。

飛鳥池遺跡では、富本銭の鋳造に関わるあらゆるものが出土した。例えば、熔湯が鋳型の隙間に入り込んだときにできるバリ、熔湯が流れる湯道《ゆみち》、熔湯を入れたルツボ、炉に風を送る鞴《ふいご》の先に取り付ける羽口《はぐち》、さらには鋳型の破片まで出土した。そして、それらの悉《ことごと》くに残留する残滓の分析から、銅‐アンチモン合金の痕跡を確認した。

これらの遺物が一括して捨ててあった土坑の土塊の中から、顕微鏡を見ながら拾い出した直径一ミリ以下の熔銅粒に至るまで分析し、銅‐アンチモン合金であることを明らかにするなど、徹底的に状況証拠を固め、飛鳥池遺跡に富本銭製作の工房があったことは不動の事実となった。

富本銭をめぐる一連の動きに翻弄されたものの、一研究者がめったに味わえない臨場感を肌で感じることができたことは貴重な体験であった。

図3-3　飛鳥池遺跡から出土した富本銭．奈良文化財研究所蔵

富本銭製作の試行錯誤

先にも述べたが、飛鳥池遺跡は、「生産遺跡」である。生産遺跡では、最終目的の完成品はまず出土しない。製作の過程で「捨てられたモノ」しか出土しないのである。富本銭とて、例外ではない。飛鳥池遺跡から出土した富本銭は、すべて捨てられたモノである。一見完形に見える富本銭も、実際には鋳上がりのままで、最終の研磨がなされていない未完成品である。富本銭製作の試行錯誤の生々しい姿がここにある。

出土状況から見ると、不良品が多く、いわゆる歩留《ぶど》まりはあまりよくなかったようである。富本銭に含まれるアンチモンが五～二五%とばらつくのも、生産が安定しなかったためだろうか。スズの代わりにアンチモンを選んだがために、うまく事が運ばなかったことも考えられる。

もっとも、アンチモンが、富本銭と小型仿製鏡という限られたものだけに認められるので、当時の工人たちは、鉱石としてのアンチモンをしっかり把握していたと私は見ている。アンチモンは、合金の材料としてスズの代わりを十分こなせるのだが、一つ気にかかるのはアンチモンがスズより毒性が高いことであろうか。

飛鳥池遺跡での富本銭発見のニュースが大きく報じられた後、長野県や群馬県、さらには大阪府など数ヶ所で富本銭の発見が相次いだ。そして、最終的には私のところで分析する機会を持ち、いずれの富本銭もその材質の基本は飛鳥池遺跡出土の富本銭同様、銅‐アンチモン合金であることを確認した。それにしても、飛鳥池遺跡以外から出土する、いわゆる完成品として出回った富本銭の数が少ないことだけは事実である。

銅‐アンチモン合金の系譜

ここで興味があるのは、アンチモンの系譜である。アンチモンは、世界的に見ても古くから知られている。しかし、「アンチモン」という呼称が日本の七世紀に存在したわけではない。近代には「安知母尼」と書くが、これは見たとおりの当て字である。七世紀においては、アンチモンは、硫化鉱物の輝安鉱の状態で扱われたと考えるのが妥当であろう。ちなみに、江戸時代の本草学者、木内石亭《きうちせきてい》は、その著『雲根志《うんこんし》』の中で輝安鉱を「錫恡脂《しゃくりんし》」と記しているが、これもどの程度普及し、またどこまでさかのぼるのかはわからない。先にも述べたように、アンチモンや、鉛、ヒ素、ビスマスなどの似たようなものが一まとめに扱われたとしても、アンチモンが富本銭だけに特定して用いられていることは、古代にも鉱物の識別基準があったことを示している。この点についてはさらに検討を加える必要があるだろう。

目を世界に転じると、この銅‐アンチモン合金は、中央ヨーロッパから中近東の一部、特にハンガリー西部、カルパティア山脈周辺で出土した銅製品に、銅‐アンチモン系、銅‐アンチモン‐スズ系合金製が認められるという。また、紀元前二〇〇〇年頃のカフカス（コーカサス）地域における「カフカス・ブロンズ」が、銅‐アンチモン‐ヒ素系の合金とされる。ヒ素の含有量が一～五％あるという違いはあるが、アンチモンの含有量も三～一四％と高く、飛鳥池遺跡出土の富本銭と似た組成を示すといえなくもない。銅‐アンチモン合金のルーツがこれらの合金であるというような短絡的な議論をするつもりはないが、今後さらに視野を広げてこの銅‐アンチモン合金を考え直す契機にはなるだろう。

図3-4　富本銭(左)，和同開珎「隷開」(中)，和同銀銭「不隷開」(右)．奈良文化財研究所蔵

青銅を選んだ「和同開珎」

日本最古の貨幣として、公式には七〇八年に作られたとされる「和同開珎」。これまでの発掘調査によって出土した枚数は、四八〇〇〇枚を超えている。しかし、和同開珎は、まったく一つのデザインでできているものではない。字体の違いなどによって、いくつかのパターンがある。特に、特徴的なのが「開」の字である。「開」

の字体が隷書体をとるもの（「隷開」）が、「新和同」とされる。一方、楷書体をとる、いわゆる「不隷開」の和同開珎が古いタイプと分類され、「古和同」という。青銅製の和同開珎に先行するという銀製の和同開珎、いわゆる「和銅銀銭」にも「不隷開」のものがある。

和同開珎の材質は、一般には銅とスズの合金、いわゆる「青銅」が基本であるが、「古和同」の中には、富本銭と同じ材質、銅-アンチモン合金で作られたものがあることを一連の調査の中で確認している。これによって、「古和同」が富本銭とともに、本格的な通貨としての「和同開珎」の前駆的な存在として位置づけられると見てよいのだろう。また、このことは、本格的な「和同開珎」の製造にあたって、試行錯誤の末、最終的に青銅という安定した材質が選ばれたことを意味するのである。

富本銭と和同開珎は、基本的には同じような形態を持つ。したがって、これまでに双方を比較検討する際の論点は、文字やデザインなどの銭文の違いのような形態的特徴が主であった。しかし、それぞれの材質についての研究を進める私にとっては、この二つは、まさに「似て非なるもの」として映る。そして、銅-アンチモン合金という素材の視点から見ると、同じ材質を持つ小型仿製鏡の存在を改めて見直す必要もあるのではなかろうか。しかし、この特殊な合金が、どうしてこの時期に突然登場し、しかも短命で消えていったのか、まだまだ謎多き古代の貨幣についての興味は尽きない。

5　古代人も知っていた金・銀を得る方法——古代の「灰吹」に迫る

日本で出土する古代の銀製品の材質がたいへん高いことに、私はかねてから注目していた。高品位の銀製品を生み出す背景には、「第一の技術」のハイライトである高度な精錬(refining)の存在を抜きにしては語れないからである。

「第一の技術」の痕跡を求めて

日本では、金属をめぐる技術は、「第二の技術」が先行し、「第一の技術」が後を追う展開を見た。しかし、「第一の技術」である、金属を鉱石から抽出し、製錬する技術が実際にいつ頃どのように始まり、どのように伝わったたか、という詳細はわかっていない。鉄や銅については、各地で炉跡などが見つかり、最近ようやく少しずつ検討が加えられるようになってきたが、金と銀に関しては、出土事例も少ないため、その実態はまったくわかっていない。

私が、本格的に「第一の技術」の検証に取り組んだのは、近世の銀山の調査であった。日本の近世を代表する島根県の石見《いわみ》銀山遺跡の総合調査に参画し、科学的調査を担当することになったのは一九九六年のことである。世界遺産登録をめざす石見銀山遺跡では、本格的な発掘調査が実施され、銀の採掘から、製・精錬、すなわち「第一の技術」に関わる貴重な遺物や遺構が出土した。私は、実際の出土遺物によって、「第一の技術」の科学的調査を実践する機会を得た。そして、この経験が、古代の技術を考える上で大いに役立つことになった。

注目したのは、もちろん古代最大の生産遺跡、飛鳥池遺跡。「第二の技術」を駆使して金や銀の製品を実際に製作した工房があったこの遺跡に、「第一の技術」の痕跡を見出そうとしたのである。飛鳥池遺跡から出土した銀に関して、私が改めて注目したのは、直径五ミリ程度の銀粒だった。当初、私はこの銀粒は熔けた銀が飛び散った熔滴と考えたが、銀以外に鉛やビスマスを検出することが気にかかっていた。

ルツボも再検証した。まず、一九九七年の発掘当初から見つかっている、直径約一〇センチ程度のほぼ球形のボール型ルツボがある。厚手のルツボ片の内壁には細かい点状に銀が残留していることを分析で確認していた。その後、銀に関わる遺物として、薄手のルツボ片や土器片が見つかった。さらに直径一～三センチ、深さ一～二センチ程度のピット状の穴が掘られた石製のルツボも確認し、少なくとも三つのタイプがあることがわかった。

特に、薄手のルツボ片や土器片から銀とともに鉛やビスマスなどが検出され、またピット状の穴がある石製ルツボの内壁に残る残滓《ざんし》から銀とともに鉛が検出されたことは注目に値する。これは、銀を熔解する際に用いられ、しかもその作業に鉛が関与した痕跡である。このように、銀粒やルツボ類から銀とともに鉛が検出された分析結果を総合的に勘案すると、cupellation《キューペレイション》

を想起せざるをえないことになる。

古代にも「灰吹銀」が？

cupellationとは、東地中海地域や西アジアでは、金、銀の純度を高める方法の一つとして少なくとも紀元前二〇〇〇年から用いられている精錬技術である。これは、金や銀との親和力が高い鉛を、金・銀に対する溶剤として使用し、融点の違いを利用して他の元素から分離濃縮する方法である。cupellationは、これまで、一五三三年に朝鮮半島から石見銀山に「灰吹法《はいふきほう》」として伝えられたのが日本への初めての導入とされてきた。cupellationを、「灰吹法」と呼ぶのは、灰を敷き詰めた炉、あるいはルツボを用いることによると見られる。

銀の鉱石として、自然銀を筆頭に輝銀鉱、さらには方鉛鉱、含銀硫化銅鉱などが挙げられる。方鉛鉱(galena)は、古くから輝銀鉱とともに銀の鉱石として用いられた。方鉛鉱には、一般に〇・〇三〜一％の銀が含まれている。飛鳥池遺跡でも小さいながら方鉛鉱が出土している。方鉛鉱から銀を抽出する技術がcupellationの基本といってよい。

先ほど述べた小ぶりのルツボ類の表面に付着した残滓から銀とともに鉛やビスマスが検出されることから、これらは銀精錬の最終段階以前の工程に用いられたもの、すなわち原鉱石、おそらく方鉛鉱から銀を抽出する製錬工程に使われた可能性が考えられる。この中で、最も注目したのが、ピット状の穴を持つ石製ルツボの石質が一般的な凝灰岩《ぎょうかいがん》系である点である。凝灰岩は、比較的脆く、多孔質であることが特徴である。方鉛鉱は、一定の面に沿って割れる、つまり劈開《へきかい》面を持ち、脆いので容易に粉砕できる。これをルツボで焼くと、鉛は酸化され、先に溶け出し多孔質のルツボに吸収されるとともに、大気中に幾分蒸発もする。そして、最後に銀が小さな粒として残される。この小さな銀の粒を集めてある程度大きな塊にするために、粉末化した方鉛鉱を再び加えて、ピット状の穴を開けた凝灰岩製のルツボに詰め、炉中で熱する。方鉛鉱から溶け出した鉛は、小さな銀の粒を凝集した後、多孔質の凝灰岩に吸収され、再び銀だけが濃縮されて残る。直径五ミリ程度の銀粒は、このようにしてできたのではないかと考える。この銀粒が、いわゆる「灰吹銀」に相当すると考えるに至った。

飛鳥池遺跡の「石吹法」

この作業は、銀の純度を上げるために、何度か繰り返されたことが想定できる。すなわち、方鉛鉱中の銀を抽出する製錬(smelting)から、それを集めて再び方鉛鉱を加えて銀を濃縮し、純度を上げる精錬(refining)に至る一連の作業がまさにcupellation なのである。しかし、ここでは、灰の代わりに、凝灰岩製の多孔質な石製ルツボ自体が直接鉛の吸収材の役目を担っている。灰を使わないのに、これを単純に「灰吹法」と呼ぶのは誤解を生むのではなかろうか。

基本原理は同じでも、一六世紀に導入された骨灰を用いた灰吹法との混同を避けるために、ルツボの材質を冠して、ここで改めて「石吹法《いしぶきほう》」(あるいは、「皿吹法」か)と呼ぶことにする。

ここでいう石吹法は、骨灰を用いる灰吹法に至る原型と位置づけてよいだろう。石吹法で得た銀粒は、実際の製品を作るためにはまだ小さすぎるため、これを多数集めて、ボール型の大型のルツボで溶解して、銀のインゴットを作ったものと見られる。そして、このインゴットをもとに銀製品が作られたとすると、飛鳥池遺跡から出土した銀に関わる遺物の相互関係が理解できることになる。

このように、飛鳥池遺跡から出土した銀に関する遺物の分析から、飛鳥池工房では銀の材料を得る作業(製錬から精錬まで)から、得られた銀を用いて製品を作る銀細工の作業まで、一貫して行っていた可能性を指摘することができた。

これまで、古代日本における銀生産に関しての情報はまったくなかったが、飛鳥池工房では、少なくとも七世紀後半には、銀の精錬法として、近世に導入された「灰吹法」の原型としての「石吹法」が行われ、純度の高い銀を作り出す技術が行われていたとしてよかろう。ただし、銀の原料鉱石がどこから、どのようにして飛鳥池工房に運ばれたかという点については、残念ながら現時点では確信のある解答を得ることは難しい。

金も精錬されていた!

金の精錬についても簡単に触れておく必要があるだろう。

金製品は、古代の日本ではそのほとんどは朝鮮半島や中国大陸からもたらされたものと考えてよい。しかし、飛鳥池遺跡から出土する金に関わる遺物を改めて見直すと、金の製・精錬から、製品の製作加工まで実際に飛鳥池工房で行っていた可能性が窺える。

金についても、出土した金の小さな塊に鉛を伴うものがあり、銀に対して述べた「石吹法」(cupellation)が行われていた可能性が想定できる。鉛を伴う金粒の表面を詳細に観察すると、金がゆっくり凝固した痕跡を認めることができる。この表面の様子を、熔けた金が飛び散ったと考えられる金滴の表面と比較すると、その違いが歴然としている。

すなわち、飛鳥池工房では、金に関しても、その純度を上げる作業を行っていたと考えてよいだろう。『続日本紀』などの文献に金の記述が現れる以前に、すでに金を用いる「モノづくり」の技術が飛鳥池工房で実践されていたことになる。

飛鳥池遺跡における金、銀の精錬に関する知見は、cupellationという古典的な技術が一六世紀まで日本に伝わらなかったということに対する疑問を解消してくれるとともに、東アジアにおける当時の技術水準を知る上でもたいへん貴重であると考えられる。

6　佐波理は、響銅⁉

銅にスズを加えた合金は、「青銅」と総称され、一括して扱われることが多い。しかし、この銅‐スズ合金は実に多様な合金である。スズの含有比によって、特性が大きく変わってくることは、古代中国ではすでに理解されており、例えば

多様な銅‐スズ合金

『周礼《しゅらい》』の「考工記」では「金の六斉《ろくせい》」として目的別に分類されていた。ここでは、従来から行われているように、「金」は銅を示すとして解釈した配合比を表3‐1に示した。結果的には、ある程度現実とよい対応をしている項目もあるが、すべてがこの表記どおりというわけではない。特に、「鑒燧之斉《かんすい》」に関しては、「金錫半」という曖昧な表現であり、これを銅とスズが一対一と文字どおりにとるのか、より現実的に見て二対一ととるのかなど、この解釈をめぐって昔から議論がある。しかし、この表現を素直に読めば、一対一となるであろう。とすれば、銅五〇％に対してスズ五〇％となる。現実には、銅にスズが五〇％も含まれる合金は、実用的ではない。硬く、しかも脆い。実際に出土遺物を分析してみても、このような配合比をとる遺物は見かけない。私は、この「金の六斉」に関しては、「古代の中国では、スズの配合によって青銅の特性が変わることを知っていて、目的別に使い分けようと試みていた」という程度に考

えることにしている。
古代では、スズの含有量が多くなり、白味を帯びたものを白銅と呼んだようである。銅にスズを含むという構成元素は変わらないが、含有量の違いで呼称が青銅から白銅へと変わるのである。ちなみに、現代にいう白銅は、五十円玉や百円玉などに使われている銅 - ニッケル合金をさす。確かに銀白色だが、素材が違う。合金の呼び名も、時代とともに変遷しているので注意しなくてはいけない。

表3-1 金の六斉(『周礼』「考工記」)

六斉	銅:錫	銅	錫	総量:銅:錫	銅	錫
鍾鼎之斉	六:一	八六%	一四%	六:五:一	八三%	一七%
斧斤之斉	五:一	八三%	一七%	五:四:一	八〇%	二〇%
戈戟之斉	四:一	八〇%	二〇%	四:三:一	七五%	二五%
大刃之斉	三:一	七五%	二五%	三:二:一	六七%	三三%
削殺矢之斉	五:二	七一%	二九%	五:三:二	六〇%	四〇%
鑒燧之斉	二:一	六七%	三三%	二:一:一	五〇%	五〇%

小林行雄『古代の技術』塙書房, 1962, p. 272の表を「考工記」に基づいて改変

さて、実際に古代の青銅製品に対する分析データを蓄積してくると、古代の工人は、我々が予想している以上にこの「青銅」の特性を熟知していたことが、浮き彫りにされてくる。その一つが、「佐波理《さはり》」と呼ばれる一群である。

「佐波理」とは何か

「佐波理」という呼称は、どうやら近世以降のものであり、古くは白銅の一群とされていたというが、少し黄色味を帯びた色から見て、これも少々疑問が残るところではある。さて、正倉院宝物中には佐波理製の加盤《かばん》(皿類)があるが、それが新羅の文書で包まれていたことから、もともと朝鮮半島からもたらされたとされる。そして、正倉院事務所では宝物の調査の一環として、「佐波理」を蛍光X線分析法で分析してきているが、いずれも銅にスズが二〇%程度含まれる組成を示すことがわかっている。

一方、私は法隆寺に伝世する銅製容器一〇三点の材質分析を、同様の蛍光X線分析法で行い、古代から近世にかけての材質の歴史的変遷を追究してきた。法隆寺の資料には、正倉院宝物と並ぶ古代の銅製容器の一級資料を含んでおり、その中でもやはり「佐波理」は特異な存在感を示している。正倉院での調査と同様、佐波理は銅にスズ約二〇%を含む組成を呈した。しかも、スズ以外のその他の元素、例えば、古代の青銅では常に数%程度の存在が確認される鉛もほとんど含まれない。古代の金属製品において、これ程調整の効いた組成を持つ合金も珍しい。

かつての正倉院宝物の調査によって、「佐波理」は、「鉛とスズを数%含み、残りは銅」という分析結果が報告され、これに従った記述が今でもまま見られる。しかし、ここに示したように、最近の調査の成果として、佐波理は、銅に約二〇％スズを含む合金であることが改めてはっきりしたわけであり、正しく訂正されるべきであろう。

実際の佐波理鋺（佐波理製の鋺（椀））は、鋳造で作ったものを、鍛造でたたき締め、さらに轆《ろく》轤《ろ》で薄く挽いて仕上げていることが表面の微細構造などの観察で確認できる。実際には、厚さが〇・四ミリ程度、中には〇・二ミリと驚異的な薄さを示すものもある。硬質でどこか張り詰めたような緊張感があるのが特徴である。

佐波理の来た道

佐波理鋺は、その由来として伝えられるとおり、もともと朝鮮半島、特に新羅製である可能性が高い。新羅の都のあった慶州の雁鴨池《アナプチ》遺跡から、正倉院の佐波理鋺とそっくりなものが出土しているという。

日本での発掘調査でも、たまに佐波理鋺が出土する。私は、何度か調査する機会を持った。最近特に興味を持っているのが、畿内では古代の遺物である佐波理鋺が、北海道や東北の中世の遺跡から出土することである。例えば、北海道恵庭市のカリンバ2遺跡や青森県八戸市林ノ前遺跡からは、破片ながら薄手の見事な佐波理鋺が出土している。実際に分析してみると、やはりスズを約二〇％含む組成を呈する。このように、薄手の銅鋺の材質が極めて規格化された組成を持つこととともに、朝鮮半島で製作されたと見られる佐波理碗が、どのような流通経路で北海道や東北地方にもたらされたかは興味あるところである。私は、北方からのルートも想定するが、いかがなものだろうか。

　佐波理は、佐張とも響銅とも書くことがある。佐張はまだしも、「響銅」とはなぜだろう、と常々疑問に思ってきた。実は、「銅《ど》鑼《ら》」も、「佐波理」と同じ組成をとるという。銅鑼ならガンガンたたいてもよいが、佐波理鋺となるととても薄い。たたくには、薄すぎるだろう。

佐波理の奏でる音

　最近、「響銅」の謎が解けた。佐波理は、ある楽器の奏でる音を担う大事な役割をしていたのである。その楽器とは、雅楽で用いる「笙《しょう》」。笙のあの乾いたような独特の響きに、実は佐波理が大きく関係していたのである。

　笙は、管楽器である。管楽器には、息の強弱で振動する振動子、いわゆるリードが必要である。笙は、昔からこのリードに、佐波理鋺の破片を使ってきたという。現在我々がよく知っている管楽器、例えばオーボエやファゴットなどのリードは葦の茎や木製である。リードに金属を使っている楽器は、笙と、近代のハーモニカとアコーディオンぐらいではなかろうか。

　笙のリードは、正式には「簧《した》」という。簧は、幅約五ミリの短冊形。音程によって、長さを使い分ける。この簧を、試しに蛍光X線分析法で分析してみた。まさにスズ二〇%を含む銅合金、いわゆる佐波理であった。佐波理は、確かに「響銅」だったのである。笙のあの独特の響きが、息によって振動する佐波理の音だとわかると、妙に納得できるではないか。

しかし、ここで、またまた疑問が湧いてくる。笙のルーツは、どこなのか？　そして、佐波理のルーツは？

法隆寺に伝世している銅製容器群の一つとして分析した、唐からの招来とされる瓶（水差し）がある。側面の注ぎ口に西方の人の顔をあしらっているので「胡面水瓶《こめんすいびょう》」と呼ばれる。この水瓶の材質は、分析により、まさに佐波理の組成をとることがわかった。また、かつて調べたペルシャの銅製皿もまったく同じ組成であった。佐波理に集約される銅合金の系譜は、中国、朝鮮半島はもちろん、どうやらシルクロードを経て、さらに西方に通じているようだ。そう考えると、ますます笙の響きに納得がいくのである。

第四章　国内への浸透、可能性の追求

――模索期の「金・銀・銅」――

外来の力を借りながらも、東大寺の大仏を作り上げたことをもって、日本において「金・銀・銅」を扱う技術は、ほぼ完全に定着したと見てよい。大仏建立以後も、金銅製の大型の仏像はたまに見られるが、仏像の製作自体は、金属製よりどちらかというと木造が主流になるように見受けられる。

「金・銀・銅」が、権力の存在を誇示する存在、いわゆる「威信財《いしんざい》」としてだけではなく、権力者だけの占有物から少しずつ一般の人たちの日常の生活にまで、ゆっくりと静かに浸透していく時期を迎える。私は、東大寺大仏建立以降を、日本の「金・銀・銅」にとっての模索期と捉えることにしている。

模索期—日常生活への浸透

模索期として位置づけた時期は、平安から鎌倉、さらには室町時代と、実に八〇〇年に近い年月を要することになる。その間、それぞれの時代の担い手は変化する。公家が登場し、さらには武士も登場する。実際には、この時期を通しての「金・銀・銅」の具体的な姿を鮮明に捉えるのは難しい。しかし、この時期には、私がこれまでに調査をしただけでも、実にバラエティーに富んだ金属製品が登場していることがわかっている。

皇朝十二銭《こうちょうじゅうにせん》に代表される銭貨はもちろん、分銅から銅印もある。仏具では、鋺《わん》類、懸仏《かけぼとけ》、経筒《きょうづつ》、磬《けい》、さらには密教法具である五鈷杵《ごこしょ》など。古代の鏡と比べてすっかり形式が和様化した、いわゆる和鏡。小柄《こづか》や鐔《つば》などの刀装具や、兜《かぶと》の金具類。鉄漿《かね》(おはぐろ)皿、鉄鍋などの日常品。そして灰匙《はいさじ》などの茶道具。さらに時代がかなり下がると、煙管《きせる》の雁首《がんくび》や吸口《すいくち》も登場してくるようになる。

こうしてみると、当初は限定された富裕層が対象であるにしても、徐々に一般市民の生活の隅々まで金属製品が浸透していく様子が窺える。そして、一六世紀になり、時代が大きく動き出すのに呼応するかのように、「金・銀・銅」を取り巻く状況も一変する。長い模索期を経て、一気に発展期に突入することになるのである。ここでは、長い模索期における、「金・銀・銅」の様子を垣間見てみよう。

1　銅もいろいろ——法隆寺宝物に見る銅製容器の時代性

法隆寺に伝わる銅の器

金製以外の金属製考古遺物の調査で最も困ることの一つが、出土したときに錆びてしまっていることである。これは、第一章3でふれた「金属の一生」に従えば、金属が地球の中にあった安定な状態に回帰しようとする姿なのだから仕方ないことはいえ、オリジナルを知るためには歓迎されるものではない。特に、その金工品が使われていたときの色と材質をサビで覆われた外観から探るのはなかなか難しい。

これまでに紹介した銅鐸や銭なども、材質の基本は銅合金であり、出土したときには銅のサビである緑青で覆われていることが多い。緑青サビによって、それぞれが本来持つ色や材質などの個性が隠されてしまうことになる。また、緑青サビがあれば、発掘調査の報告書では銅製品としてまとめて扱われることも多く、個々の材質の詳細はわからないままになってしまう。

では、使われていた当初から大事に保管されてきた伝世品なら、オリジナルな情報をサビによって攪乱されることなく温存しているのではなかろうか。しかし、正倉院宝物ならいざ知らず、そんな恵まれた伝世品の数は少ないに違いない。

数少ない事例の中でも、世界最古の木造建築を誇る法隆寺には、創建当初からのさまざまな寺宝が伝世されていることで有名である。金工品に関しても、正倉院宝物が主に八世紀に限られているのに対して、法隆寺の伝世品は、古代から近代にまで及んでいるのが特徴である。古代の金工品も、正倉院宝物と並ぶ一級資料である。

考古学的な観点からの総合的な調査が、奈良国立文化財研究所によって行われ、一九九〇年、一九九三年、一九九八年に、総目録として『法隆寺の至寶』(『昭和資財帳』(巻一二〜一四))がまとめられた。一方、法隆寺からの依頼もあり、調査対象を、特に銅製の容器に絞って、その材料と製作技術の歴史的変遷を追求することになった。一九九二年のことである。

伝世品の調査であるため、調査方法は非破壊的手法に限られた。私は、X線ラジオグラフィー(X線透視撮影)による内部構造の観察、顕微鏡による表面観察、そして蛍光X線分析による材質分析を実施することにした。

材質による編年の試み

実際に調査した金工品を見てみよう。法隆寺に伝世する銅製の容器類が中心である。仏事に用いる鋺(碗)、鉢、皿(盤)、托子(托、受け皿)、水瓶のほか、密教法具の六器、二器、飲(飯)食器、華瓶、火舎あるいは香炉、花瓶、燈火器など、バラエティーに富む。総点数は、一〇三点に及んだ。

図 4-1　法隆寺銅製容器．法隆寺蔵，写真：奈良文化財研究所

従来、器物の編年は、考古学的な形態の分類によって編むことを常とした。私は、材質調査で得たデータの解析によって、これらの銅製品の材質の変遷を追い、材質による編年観(時代の流れ)を作ることを試みることにした。そして、この材質的編年観と、従来の形態の変遷に基づく考古学的な編年観とを最終的に比較検討することをめざした。

形態的分類も大事であるが、例えば、鋺として同じ機能を持ち、形態的に似ていたとしても、材質が異なることはよくあることである。そして、器の厚さが、厚いとか薄いとかいうような特徴には、製作に用いた素材の特性が大きく反映しているということは想像に難くないだろう。しかし、銅製容器全体にわたって、形態同様、材質が時代とともに変遷することはこれまでにも想定はされていたが、まとまった資料群に対して、系統的に実証されるには至っていなかった。

青銅から黄銅へ

古代から近代に至る歴史的な銅製品には、主要成分の銅の他、多少の差はあるものの、スズ、鉛、ヒ素、銀、アンチモン、亜鉛、ビスマスなど、さまざまな元素が含まれる。まず、鋺、皿、花瓶というように、形態別にこれらの分析値をまとめてみたが、ただランダムに数値が並ぶだけで、例えば皿という特定の形態的な特徴が、その形態特有の材質的特徴を示すということにはならなかった。

そこで、銅製品の形態的な特徴から離れ、材質を構成する主要元素にだけ注目することにした。繰り返しになるが、古代の銅合金の主流は、銅-スズ合金、いわゆる青銅である。これに、鉛などの元素が含まれる。また、六世紀頃から銅製の容器にスズを二〇％程度含んだ佐波理が登場することは、これまでの分析の成果としてわかっている（第三章6）。また、近世になれば、銅-亜鉛合金である黄銅が登場することも確実である。したがって、得られた分析データを、銅、スズ、鉛、亜鉛の四元素に注目し、特にスズと亜鉛の含有量で整理してみることにした。

分析結果を、スズと亜鉛に注目してみると、両方の成分が競合することはほとんどないことがわかった。そこで、まずスズの含有量の多い順に並べ、スズを含まなくなったものを亜鉛が増えていく順に並べ替えることにした。そして、それに伴って変化する銅と鉛の組成の変遷を考察した。スズの含有量が安定する領域では、主成分の銅も安定である。徐々にスズが減ってくるに従い、鉛やヒ素の量がランダムになり、やがて亜鉛が含まれてくると、鉛やヒ素は再び少なくなり、最終的に亜鉛の含有量が安定するようになることがわかった。これは、材質の変遷にだけに注目した編年観といってよいだろう。

次に、この結果と、考古学的な編年観に従ったすべての形態のデータを、銅、スズ、鉛、亜鉛の四元素の含有量に絞ってまとめたものと比較すると、双方の基本的な特徴は大きく変わらないことがわかった。分析データの解析による材質的編年観と、考古学的編年観が比較的よい対応を示したのである。

これらの結果に最終的に時間軸を加えて考察すると、次のようになる。六〜七世紀に銅－スズ系の合金、すなわち青銅、その中でも特に「佐波理」の存在が特徴的である。佐波理の材質は、スズの含有量が二〇％前後と安定し、他の不純物も少ない。また、器本体の仕上げが、たいへん薄いことも特徴である。八世紀には、銅に含まれるスズが少なくなる一方、鉛が増え、さらにヒ素も加わるようになる。中世に入ると、鉛が一〇％を超えることもあり、代わりにスズが数％を割り、ヒ素が多くなる。その他に銀やアンチモンなども少し増える傾向が認められる。それに伴い、器の仕上りも厚くなり、全体にシャープさを欠くようになる。さらに、近世になると、亜鉛が加わり、やがて銅－亜鉛合金である黄銅が主流になり、スズと鉛がほとんど含まれなくなる。

少し強引ではあるが、銅製容器の材質的変遷を古いほうから並べると、

①銅－スズ→②銅－スズ－鉛→③銅－スズ－鉛－ヒ素→④銅－鉛－ヒ素→⑤銅－亜鉛

となることがわかる。法隆寺に伝世する銅製品に認められたこのような材質的編年観は、これまで発掘調査で出土した銅鋺などの容器類に対して行ってきた材質調査で得た結果ともよい整合性を示している。

材質から見た「模索期」

しかし、ここで注意を要するのは、②は、銅鐸や鏡など、古代の鋳造製品では当たり前の材質だから、①→②という流れは、鋺や皿に代表される銅製の容器に見られる特徴的な変遷であるという点である。一方、③以降に見られる変遷は、容器類だけに限らず、さまざまな銅製品に対して同様にあてはまるといってよかろう。実際には、③、④あたりの材質的変遷の明確な流れを作るには、さらに分析事例を増やす必要

があるだろう。まさに、この③、④あたりで銅製容器の材質が混沌とする時期が、ここで取り上げている「模索期」に相当するのである。

まだ、問題点も残されている。一つは、亜鉛の登場時期である。銅－亜鉛合金の黄銅は、日本では実際には一六世紀後半、少なくとも一七世紀の初めには登場してよいと考えるが、今回調査した法隆寺伝世の銅製容器類にはこの時期のものが少なかったため、一八世紀末頃になってからとなる。この点も、今後さらに分析する資料を増やすことで、補完していくことができるだろう。

2　「皇朝十二銭」と輸入銭

一二種類の銅銭

和同開珎が作られたあと、奈良時代から平安時代にかけて、一二種類の銅銭が公式に鋳造された。これが、いわゆる「皇朝十二銭《こうちょうじゅうにせん》」である。銅銭以外に、銀貨として、和同開珎銀銭も先行して作られた。また、金貨として、開基勝宝《かいきしょうほう》も作られたが、これは通貨として機能を発揮するものではなかった。

さて、「皇朝十二銭」を発行順に並べてみよう。

①七〇八年　和同開珎　②七六〇年　万年通宝　③七六五年　神功開宝
④七九六年　隆平永宝　⑤八一八年　富寿神宝　⑥八三五年　承和昌宝
⑦八四八年　長年大宝　⑧八五九年　饒益神宝　⑨八七〇年　貞観永宝
⑩八九〇年　寛平大宝　⑪九〇七年　延喜通宝　⑫九五八年　乾元大宝

ほぼ二五〇年の間に発行された一二種の銭貨も、朝廷によって貨幣流通が奨励されたにもかかわらず、実際には思うように機能しなかった。そして、乾元大宝を最後に、公式な貨幣は発行されなくなる。

大きさと材質の変遷

皇朝十二銭は、四番目の隆平永宝までは、直径が八分(約二・四センチ)と和同開珎とほぼ同じ大きさを持つが、その後は徐々に小さくなり、最後の乾元大宝になると、ほとんど一・八センチぐらいの大きさになってしまう。重さも、当初は三・七五グラム、すなわち一匁《もんめ》をめざしていたというが、隆平永宝以降は直径が小さくなるに伴い、重さも二グラム以下にまで軽くなってしまうものが出てくる。

材質を見てみると、皇朝十二銭全体にいえることであるが、同じ銭種であっても組成が統一的とは限らないことがわかっている。これは、いくつかに分かれた鋳銭司《ちゅうせんし》(今でいう造幣局)への原料の供給源が異なっていたとも考えられよう。また、贋金である私鋳銭《しちゅうせん》が盛んに作られたことも背景として考慮しなければならない。

和同開珎とて、簡単ではない。銅－アンチモン合金の富本銭の系譜を引くと考えられる古和同から青銅貨である新和同への流れがあり、その後、中にはヒ素が多いものなども出てくる。しかし、和同開珎は、青銅として、スズを数％含み、鉛も比較的少なく、ある程度安定した材質が確保されているものが多いといってよい。その後、隆平永宝あたりまでは、鉛が増える傾向にはあるが、スズも少なくても二～三％あたりは含まれているものが多い。

時代を経るに従って、銅原料の枯渇の問題もあり、皇朝十二銭の材質は、かねてから言われているように、銅が減るとともに鉛がますます増える傾向にあることは事実である。しかし、最終的にはほとんどすべてが鉛銭になってしまうのか、というとそう簡単でもないのである。

山田寺跡の皇朝十二銭

奈良県桜井市の山田《やまだ》寺《でら》跡から、皇朝十二銭がはっきり確認できるだけでも計一六枚出土している。山田寺は、蘇我入鹿《そがのいるか》のいとこ蘇我倉山田《そがのくらやまだ》石川麻呂《いしかわまろ》が六四一年に建て始めた寺院である。その後、彼は反乱の嫌疑で自害したが、寺は七世紀の後半には完成を見たようである。一一八七年の火災の際に、金堂の仏像が興福寺に運ばれ、その後仏頭だけが発見されたことでも有名である。山田寺跡は、一九八四年から奈良国立文化財研究所が継続的に発掘を重ね、かねての伽藍の全容が確認された。特に、回廊の壁が倒壊したまま発掘されたことでも大きな話題になった。余談ながら、私は、この回廊の白壁の上塗りに火山灰が使われていたことを確認した。これは、火山灰が壁土の仕上げに使われたことが判明した日本で初めての事例である。

山田寺跡からは、皇朝十二銭のほか、寛永通宝など、江戸時代の銭も出土している。こぼれ落ちた賽銭の一部であったのだろうか。皇朝十二銭といっても、一二種類すべてが揃っているわけではない。内訳は、和同開珎三枚、神功開宝一枚、富寿神宝一枚、貞観永宝三枚、寛平大宝一枚、延喜通宝七枚である。

銭貨の材質をそれぞれ見ていくと、かなりバラエティーに富んでいることがわかる。

和同開珎は、三枚とも隷書体の「開」を使う「隷開」(第三章4参照)であり、いわゆる「新和同」にあたる。その中の一枚は、スズ、鉛がほとんどなく、代わりに三%程度のアンチモンを含む、銅‐アンチモン合金製である。これは、新和同の中でも、アンチモンを含むタイプと考えられる。もう一枚は、かなり腐食がひどいため、正確なことはいえないが、スズがたいへん多く、鉛とヒ素も含んでいる。最後の一枚は、スズをほとんど含まず、四%程度の鉛とヒ素を含んでいる。実際に出土した和同開珎を見ても、このように材質はまちまちなのである。

神功開宝は一枚だけであるが、スズを含まず鉛だけを数%含んでいる。腐食して状態が悪い富寿神宝は、やはりスズをほとんど含まず、数%の鉛とヒ素を含むタイプである。

延喜通宝あたりになると、ほとんど鉛だけのものが多いといわれる中、山田寺跡から出土した延喜通宝には銅がしっかり含まれたものもあるから驚く。しかし、大半は、鉛が主体であり、現在ではほとんど文字も確認できないほど、鋳上がり状態も悪い。これは、九二七年に制定された「延喜式《えんぎしき》」において、「およそ銭文は一字明らかなるをもって、みな通用せしむ」とあるように、質の悪い貨幣でも銭貨として強制的に認めざるをえない状況にあったと見てよかろう。

銭貨の空白期

皇朝十二銭の発行が停止した後、どうやら一一世紀に入ると、銭貨がほとんど通用されない状況になる。そして、この銭貨使用の空白期は、一二世紀の後半あたりまで続くことになる。やがてこの状況が打ち破られて、新たな銭貨の需要が生じてくるが、この貨幣経済を担ったのは、日本が自前で製造した銭貨ではなく、宋代(北宋)中国からの輸入銭貨であった。いわゆる、渡来銭《とらいせん》である。

中国の銭貨は、唐時代から諸外国に流出していたが、特に宋時代にはその量は著しく増加したようだ。宋朝自体は、銭貨の持ち出しを禁止したが、西アジアから東南アジア、さらには朝鮮半島、日本にまで広く流布した。銭は、日宋貿易の重要品目なのである。

中国から輸入された渡来銭は、貨幣流通を活性化するという本来の役目を担ったのだが、一方大量の輸入銭貨が土中に埋められていたことがわかってきている。銭を埋める行為は、古くから地鎮や埋葬など、呪術的、宗教的な目的として行われていたが、大量の銭の埋蔵は、やはり財産の保管場所として地下を選んだと見るべきであろう。最近の発掘調査によって、全国各

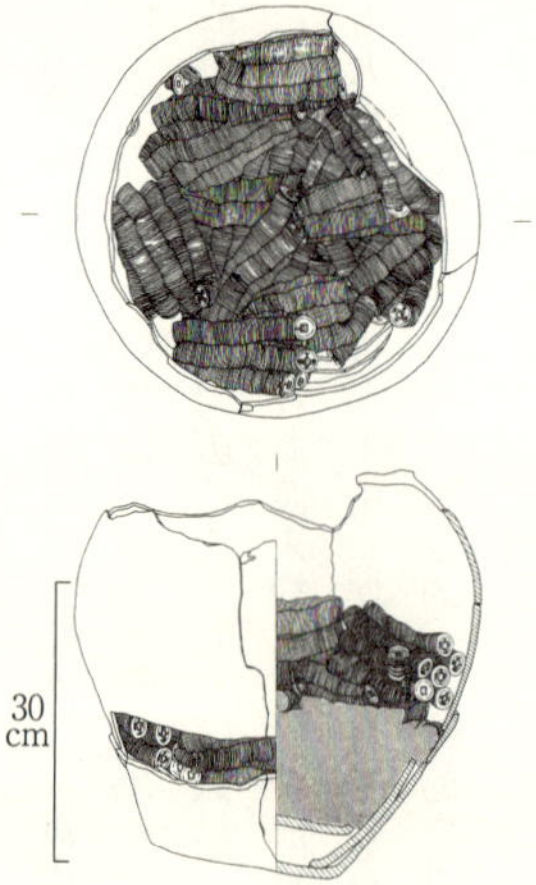

図4-2　草戸千軒町遺跡出土の緡銭(実測図).広島県立歴史博物館蔵

地から銭が大量に備蓄されていた姿が明らかになってきている。

草戸千軒町遺跡の備蓄銭

　備蓄銭の事例を一つ挙げておこう。広島県福山市の草《くさ》戸《ど》千軒町《せんげんちょう》遺跡において、一三世紀後半に商業活動が盛んであった地域で甕に入った状態の銭が出土した。その出土状況は、当時の緡銭《さしせん》の実態を知る上で貴重な情報を与えてくれる。緡銭とは、銭を一枚一枚扱うのではなく、約一〇〇枚を藁縄《わらなわ》を通して一まとめにした銭の束のことである。一三世紀後半は、日本においてちょうど大量の銭を埋蔵する備蓄銭の習慣が発生した時期にあたる。

　緡銭は破損した甕に塊になって埋められていた(図4-2)。総計一万二五九一枚の銭が、約一〇〇枚を一緡《さし》として藁縄に通した緡銭状態で、合計一三〇緡である。一緡あたり八三〜一〇七枚とバラつくが、一緡九七枚が最も多く、ほぼ半数を占めていた。銭種は、さまざまな年代のものが混じるが、北宋銭が八七%に近く大半を占めていた。

　一連の一〇緡を一単位一貫《いっかん》とした塊が、藁縄で三箇所を束ねられた状態で甕に収められていたが、この一〇緡一塊の総数が九七〇枚となっており、一緡の枚数がバラついていても、一貫の塊の総数を緡の数で割ると、九七で割り切れる。つまり、一緡あたり九七枚に相当するわけである。銭貨一〇〇枚未満をもって一〇〇枚として通用するという慣行は省陌法《しょうはくほう》と称し、中国では後漢時代から行われたという。一六世紀以降は一般に九六枚をもって省陌とするが、もともとは九七枚が省陌であった。草戸千軒町の緡銭もこれに符合する。

渡来銭の主流は、ここで紹介した北宋銭から、明の永楽銭へとその後大きく変化し、日本経済の中で占める位置は、ますます大きくなっていく。これまでに、確認されている出土備蓄銭の総数は、確認されているだけでも三五〇万枚を優に超えているという。これでも、当時、日本に運ばれた渡来銭の一部にすぎない。日本の地下には、備蓄銭がまだまだ人知れずに眠っているに違いない。いかに大量の銭が、中国からもたらされたか、想像を絶するものがある。

さて、草戸千軒町遺跡の銭甕で見た緡銭一〇緡を一単位に束ねた梱包は、一六世紀に描かれた洛中洛外図などにも認められる。皇朝十二銭が事実上役目を終えたのがちょうど一一世紀。草戸千軒町遺跡の事例に見られるように、一三世紀後半にはすでに、渡来銭を緡銭にして用いる商取引がなされていたわけである。そして、その後約五〇〇年間にわたって、このような渡来銭の時代が続いたことを意味する。

これが、「金・銀・銅」の模索期の持つ一側面でもあるのである。

3 中世の町、草戸千軒町遺跡に見る「金・銀・銅」

幻の中世集落

前節でふれた広島県福山市にある草戸千軒町《くさどせんげんちょう》遺跡は、日本の中世を代表する遺跡の一つである。中国山地から瀬戸内海に流れ込む芦田川河口の中州上に存在した、幻の中世集落、「草戸千軒町」は、一九六一年から一九九四年まで三〇年以上の年月をかけて、広島県教育委員会を主体とする草戸千軒町遺跡調査研究所によって発掘調査が行われ、その発掘の成果は、広島県立歴史博物館に公開展示されている。

草戸千軒町は、平安時代前半(九〜一〇世紀)から始まり、一三世紀中葉から室町時代(一四〜一六世紀前半)に最も栄えた集落である。「千軒」がつく地名は各地に見られる。いずれも中世、近世に栄えたところを、かつての繁栄を偲んで伝説的に語る地名なのだろうか。私の知るところでも、かつて銀山があったと伝えられる広島県安芸太田町《あきおおだ》(旧・加計町《かけ》)の寺尾《てらお》千軒や兵庫県猪名川町の多田千軒、金山のある佐渡の相川《あいかわ》千軒、さらには山梨県黒川千軒など、鉱山関係にも多い。

さて、草戸千軒町が栄えた時期は、まさに本書でいう「金・銀・銅」の模索期にあたる時期である。私は、この遺跡から出土したさまざまな金属製遺物の材質調査を行った。

金や銀というより、先に紹介した備蓄銭の事例にも挙げたように銅が中心になるが、実にさまざまな遺物が出土しており、当時の一般の人たちの生活に金属がどのように浸透していくのかを探るにふさわしい遺物群である。

消えた金属製食器

草戸千軒町遺跡などの中・近世の遺跡から出土する雑多な遺物の材質調査は、まず用途別に分類することから始めた。その分類を挙げると、和鏡、仏具、武具、刀装具、日用品、銭貨、分銅、茶道具、その他となる。まさに、中世から近世にかけての一般的な日本人の生活に、金属がどのように使われてきたかを俯瞰《ふかん》できる項目が並ぶ。

ここで、一つおもしろいのは、この項目に食器類がないことである。古代に外来からもたらされた金属の用途として、日本人の生活の中では、食器としての機能が育たなかったのである。金属製の鋺や皿は、仏具としては使われても、日常の食事用としては定着せず、実際には木製の椀と土製の皿が用いられた。箸や匙も木製である。日本において、本格的な金属製の食器は、西洋流のフォークやナイフなどが登場する一九世紀中頃以降まで待たなくてはならない。これは、日本人の食生活とも深く関わるのではなかろうか。ナイフやフォークは、基本的に肉食用の道具と見てよいからである。

鏡・仏具は銅－スズ－鉛

さて、項目だけを網羅的に並べたが、例えば、草戸千軒町遺跡だけに絞ると、出土遺物の数には限りもあり、また時期の偏りもあるため、すべての項目に豊富なデータを提供できるわけではない。ここでは、二、三の事例を挙げることにしよう。

まず、鏡である。古代における青銅鏡は、顔や姿を映す実用的な用途より、権威を象徴する威信財としての役割が大きかった。時代が下がって中世になっても、鏡に託された呪術的、宗教的側面は依然残るが、姿見としての機能も大きくなる。厚さも薄く、形も小さくシンプルになり、鏡背の文様も、古代の鏡を飾った神獣などの仰々しいものは消え、花喰い鳥や雀、菊花など、花鳥を配した軽いものへと変化する。このように和様化した鏡を、「和鏡」と呼ぶ。室町時代の後半には、柄のついた柄鏡も登場する。草戸千軒町遺跡から出土した和鏡は、いずれも一四世紀から一五世紀にかけての遺品である。

図4-3　草戸千軒町遺跡出土の檜垣萩双雀鏡．広島県立歴史博物館蔵

「檜垣萩双雀鏡《ひがきはぎそうじゃくきょう》」(図4-3)。表面を厚くサビに覆われているため、鏡背の文様も見づらい。材質の基本は、銅-スズ合金、青銅であるが、鉛が多量に含まれ、銅-スズ-鉛合金と呼ぶほうがふさわしい。「菊花文双雀鏡《きくかもんそうじゃくきょう》」。状態はよく、鏡背の文様もしっかりしている。この鏡の材質も、銅-スズ-鉛合金である。

次に仏具に転じる。観音菩薩と見られる、高さ四・一センチの小仏像。一四世紀の作。材質は、銅－スズ－鉛合金である。鏡板に小仏を配した懸仏《かけぼとけ》も数体出土している。いずれも数センチ程度の小ぶりなものが多く、鏡板に取り付いているもの、外れて単体になっているものもある。鋳造製の懸仏は、どれも銅－スズ－鉛合金であるが、薄板から尊像を打ち出したものは、少量の銀やヒ素は含むものの、かなり純度の高い銅、熟銅製である。仏事に使う飲食器《おんじきき》や鋺などの法具類も、いずれも基本は銅－スズ－鉛合金。延徳三年（一四九一）の銘のある梵音具《ぼんおんぐ》、磬《けい》もやはり銅－スズ－鉛合金である。かなりの量の鉛を含んでいるため、実際の音はいかがなものだろう。

このように、さまざまな形態をとっていてもこの時期の銅製品の材質は、鋳造品は銅－スズ－鉛合金製、鍛造品は熟銅製で落ち着いている様子が窺える。これまで調査してきた皇朝十二銭や法隆寺の銅製容器の材質的な変遷と矛盾するものではない。どうやら、数百年、少なくとも二～三百年の間、さまざまなものが銅－スズ－鉛合金で作られていたことになる。まさに潜伏期と呼ぶにふさわしい。

着実に日常生活へ

しかし、中には変わった材料でできたものもある。お歯黒の道具と見られる鉄漿《かね》皿である。直径六・二センチ、高さ二・四センチ、五葉の輪花型の小ぶりの皿。見込《みこみ》部（内側）と底部高台に蕋《しべ》の鋳出しが見られる。一四世紀後半の井戸の井側内から青磁の碗の中に重ねられた状態で出土した。この鉄漿皿の材質は、スズ‐鉛合金であった。金属同士の接合に用いるハンダと基本的には同じ合金である。スズと鉛の合金なので、融点が低く鋳造しやすい。いわゆるピューター(pewter)と呼ばれ、耐酸性や耐食性がよく、東南アジアやヨーロッパでも置物や食器などに、古くから用いられている合金だが、日本での出土事例は意外に少ない。もしかすると、この皿も外来の器物かもしれない。ただ、この皿が実際に鉄漿皿として用いられたのなら、鉛の含有量が高いため、鉛毒が心配である。

一連の遺物の中で、刀装具(刀の飾り金具)の一つである小柄の変遷を見ることができる。小柄は、刀の鞘に納める小刀の柄の部分である。文様が彫られ、大きさが規格化されるのは、一六世紀に入ってからのことであり、長さ三寸一分～二分(九・五センチ程度)、幅四分五厘(一・四センチ)の規格に落ち着くのは、一六世紀も後半である。草戸千軒町遺跡から出土した小柄には、その原型と見られるものがある。一五世紀中葉の小柄は、銅製の薄板一枚を曲げたもので、文様もない。幅も狭く華奢で、ただ小刀の柄ともいうべきものである。銅板の接合部も刃方(刃のある側)一箇所である。一五世紀後半になると、規格に近い幅を持つようになるが、長さにはバラつきがある。銅板から作ったものは棟方(背の側)に接合部がある。中には、銅‐スズ‐鉛合金の鋳造製と見られるものもある。いずれも、鏨《たがね》で彫金した文様もない素朴なものである。

中世の日本人の生活に、金属製品がどのように定着していったのかを、草戸千軒町遺跡から出土した銅製品を通して垣間見た。古代においては、権力を持った者の象徴として存在した金属が、少しずつ、淡々と、しかし着実に、一般人の日常生活にも取り入れられていった姿が認められた。数百年にわたって、目立った大きな変化と受け取れないぐらいゆっくりした進展だったに違いない。しかし、本来、この問題は、鍋、釜、農具などに使われた素材である鉄の歴史とともに語らなくてはいけないだろう。この点については、また別の機会を持ちたいと思う。

4　漆黒に映える「金・銀・銅」――木を黄金に変える錬金術

「漆の国」に育つ蒔絵

「漆器」と「ジャパン」の関係は、陶磁器と「チャイナ」に似ている。国を代表する特産品が、その国の名前を背負うようになった。日本は、「金・銀・銅の国」であるとともに、「漆の国」でもある。

漆の登場は、日本ではたいへん古く、縄文時代から赤や黒の漆が使われている。もともと漆の技術自体は、中国でも盛んであり、東南アジア地域ではそんなに珍しいわけではない。

しかし、日本の漆技術を大きく特徴付けるのが、特に中世あたりから独特の発展を遂げることになる「蒔絵《まきえ》」であることは間違いない。これが、日本の漆芸を豪華絢爛なものにし、他とは一線を画する特産にしたのである。

蒔絵は、その原型は、正倉院宝物にも認められるが、九世紀あたりから本格的に始まり、一五世紀初めには足利義満が始めた日明貿易の輸出品にも挙げられるようになる。ちょうど、本章で扱う「金・銀・銅」の模索期に熟成された技術といえるであろう。

その後、一六世紀の末頃には、ポルトガルやスペイン船によって、ヨーロッパにまで輸出されるに至った。いわゆる南蛮漆器である。黒地に金銀の蒔絵で花鳥風月を配した箪笥《たんす》から、キリスト教会の宗教用具にまで及んでいる。ヨーロッパの貴族たちが、宮殿や邸宅で日本の蒔絵をコレクションにしていたことは有名である。一八世紀のことになるが、フランス国王ルイ一六世の王妃マリー・アントワネットも、蒔絵小箱のコレクターであった。蒔絵の香箱をアクセサリー入れとして使っている。ヨーロッパの貴族は、日本の蒔絵に魅せられていたのである。

蒔絵は、基本的に漆工の技術であるが、その表現には漆以外の素材が不可欠である。華麗な文様を描くためには、金・銀などの金属や、貝類などとのコラボレーションが必要であった。

漆芸品のベースの材質的基本は木である。木によって器の形を作り、その表面を漆で固め、金、銀や、螺鈿《らでん》などのように貝類を用いて装飾する。蒔絵の中には、金製品ではないかと一見見紛うものも少なくない。これは、古代から銅板の表面を金色に飾ってきた鍍金技術と一脈通じるところがあるのではなかろうか。

私は、少し強引な言い方になるが、どちらも一種の錬金術と位置づけられるのではないか、と考える。もちろん、同じく金・銀による加飾とはいえ、蒔絵の高度な技術が醸し出す微妙なニュアンスは、金属の鍍金が及ぶところではない。しかし、まったく違う材質の表面だけを金色に変えるという、方法としての共通性は有している。ちなみに、ベースの素材が、金属であれ、木であれ、とにかく表面を金色で覆うことを、英語ではギルディング(gilding)として一括する。直截的ではあるが、わかりやすい表現である。

蒔絵の技術

蒔絵の技術を見てみよう。蒔絵とは、一口でいうと、漆で描いた文様の上に金や銀の粉を蒔いて、金色や銀色の文様を作る技術である。漆の接着性を利用して、金粉、銀粉を固定し、絵画的表現をする方法とでもいえようか。その重要な技術として、研出《とぎだし》蒔絵、平《ひら》蒔絵、高《たか》蒔絵、肉合《ししあい》研出蒔絵が挙げられる。研出蒔絵は、一度金粉を蒔いてからもう一度全体に漆を塗り、改めて文様を研ぎ出す技法である。研ぎ出し作業に、研炭や砥石を用いる。平蒔絵は、真綿につけた細かな金粉を文様部分に付け、漆が固まった後、磨き出す技法である。また、高蒔絵は、漆や炭粉で地を盛り上げる技法であり、肉合研出蒔絵は、高蒔絵の上にさらに蒔絵を行う技法である。また、金や銀の薄板を貼る平文や、貝を張り合わせる螺鈿など、さまざまな技法がある。

私は、蒔絵漆箱の調査を手伝ったことがある。奈良県當麻《たいま》寺奥院所蔵の国宝、「倶利迦羅龍《くりからりゅう》蒔絵経箱」である。復元模造を担当される人間国宝、北村昭斎氏からの依頼で、蒔絵に使った蒔絵粉の材質を分析することになった。一九九三年のことである。

この経箱は、蓋が縦三一センチ、横一八・八センチ、身が縦三一・五センチ、横一九センチ、高さ四・二センチだった。

私が、調査に関わったのは、蓋の部分のみである。この蓋の中央に、火焔を背にした不動明王の剣に巻き付き、まさに切先を飲み込まんとする龍を描く。左に制吒迦《せいたか》童子、右に矜羯羅《こんがら》童子を、波間の岩上に配する。背景には、天から舞い落ちる散蓮華が描かれる。また、蓋裏にも散蓮華が描かれている。技法は、すべて研出蒔絵で、龍の腹部、爪先、剣の刃、矜羯羅童子の肉身部は銀粉、蓋裏に舞う散蓮華は、金粉と銀粉の蒔暈《ぼか》しで表現され、その他はすべて金粉である。本体は、木目の細かいヒノキとのことであったが、X線ラジオグラフィー(X線透過撮影)の結果を見て改めて驚いた。幅〇・五ミリ程度の細かい木目が整然と並ぶ実に見事な柾目の一枚板であった。

X線は、金や銀などの金属に吸収され、その部分はフィルムが感光されない。したがって、現像したフィルムは、その部分だけ透明に抜ける。これを、印画紙に焼き付けると、金属のあった部分が、もう一度反転されて黒く表現されることになる。これが、図4-5である。現物の経箱では、蒔絵の金粉や銀粉を蒔かれた華麗な表現が、X線撮影によって、モノクロのイメージとなってくっきり蘇ったのである。ただし、気をつけないといけないのは、蓋の表裏にある蒔絵が一緒に写し出されることになる点である。実際に、蓋裏の散蓮華の蒔絵が、X線フィルムには、表の散蓮華イメージと重なって映し出されていることに注意して欲しい。

さて、色の状態から判断して、龍の腹部などに蒔かれた金属粉に銅粉が使われているのではないか、という仮定を確かめるために、蛍光X線分析法によって分析を実施したが、実際にはその可能性は少ないという結果に終わった。

図4-4　倶利迦羅龍蒔絵経箱．當麻寺奥院蔵，写真：奈良国立博物館

図4-5　同，X線写真：著者

現代の技術に通じる技

ともあれ、この一連の調査は、蒔絵が現代の金属加工技術にも通じる高度なものであることを、私に改めて教えてくれた。蒔絵のように、金属粉の小さな点の集合で平面的な表現を行う技術は、細かい金属粉を塗り込んで色をつける現代の粉体工学にも通じる技である。昔は金属粉は鑢《やすり》で摩《す》り下ろして作ったため、金属粉の大きさはいくら細かくても直径が数十ミクロン程度はあるが、現代のハイテク技術では、最小では〇・一ミクロンまでの金属粉が製作可能であり、印刷だけではないさまざまな工業分野で使われている。蒔絵の金粉や銀粉を見ていて、私はこのような技術のルーツを見る思いがするのである。

5 「漆黒の美」をめざした後藤祐乗——日本金工の祖

金工師四〇〇年の後藤家

日本の金工、特に私のいう「第二の技術」は近世で大きく花咲いた。その背景は、後藤家の存在抜きには語れない。後藤家とは、刀装具を中心に、いわゆる彫金技術の分野で、一五世紀末から江戸時代の最後まで、約四〇〇年間、一七代にわたって頂点を極めた家系。その初代が、後藤祐乗《ゆうじょう》(一四四〇?—一五一二?)である。祐乗は、美濃の出身、巧みなる金工の技をもって、足利家に仕えたというが、その生涯は不明な点が多い。祐乗の登場によって、もともと刀身とセットで扱われていた刀装具が刀身から離れて独立し、特別に存在感を高めることになったことは間違いない。

「後藤祐乗」を伝説化する逸話がある。彼の代表作の一つ、「濡烏図笄《ぬれがらすずこうがい》」が、俗に「加藤の濡れ烏」と呼ばれるようになったいきさつである。笄は、刀の横にさして、髪を掻き上げたり、烏帽子や兜をかぶったりするときに頭を掻いた道具という。

細い笄が文様のために使えるのは、縦約一センチ、横約五センチの小さな空間である。この空間を魚の卵を撒いたような魚々子《ななこ》鏨の痕跡で埋めつくし、それを背景に、三羽の烏を高肉彫りで配したこの作品は、もともと足利家の所有であった。八代義政から足利家に伝わり、一三代義輝のときに後藤家四代光乗に預けられた。それを、明智光秀が黄金一〇枚で譲り受け、織田信長に献上した。しかし、本能寺の変の後、豊臣秀吉の手に渡り、その後加藤清正の武勇を称えて下賜されたため、「加藤の濡れ烏」と呼ばれるようになったというのである。そして、最終的に前田家が所持することになり、現在に至っている。

戦国期を彩る錚々《そうそう》たる人物たちに愛《め》でられた逸品の、あまりに華麗な遍歴には驚くばかりである。私はこの話を初めて聞いたとき、後藤祐乗のカリスマ性とともに、彼を初代とする後藤家が戦国時代の動乱を乗り越え、江戸の終わりまで日本の金工界をリードしたことに繋がる話だと感じた。後藤家には、異なる価値観を乗り越えた普遍性を持ちえる何かが存在していたのだろう。

祐乗の作品の基本は、赤銅《しゃくどう》の黒地の要所に金の高肉象嵌《ぞうがん》で獅子や龍を配し、背景の空間を魚々子鏨の連続模様で埋めつくす実にシンプルなものである。しかし、このシンプルなデザインの基本が、後の一七代まで見事に踏襲されていく様にはまったく驚いてしまうのである。

私は、彼の金工を有名にしたのは、その巧みな鏨さばきだけではなく、「赤銅」という特別な合金を用いたことによる、と考えている。

烏の濡れ羽色の「赤銅」

ここで、「赤銅」について述べておかねばならない。「赤銅」は、「しゃくどう」と読む。名前に「赤」を冠しながら、黒い色を呈する合金である。実際には、ただ黒色というより、少し紫色を帯びた深みのある光沢を備えた黒、まさに、「烏の濡れ羽色」と呼ぶのがもっともふさわしい色である。したがって、「烏金」と書く場合もある。

赤銅は、古く平安時代にまでさかのぼるという説もあり、私も出土品を含め、そのルーツを追っているが、なかなか実態がよくわからない合金の一つである。基本は、銅に三～五％程度の金を含む合金である。実際には、祐乗が用いることによってその存在が定着したと考えてよい。後藤家は、その後代々、赤銅地を基本にした「三所物《みところもの》」の造作を伝統的に受け継ぐことになったのである。ちなみに、「三所物」とは、笄《こうがい》、目貫《めぬき》、小柄《こづか》の三点をセットで扱うときの呼称である。

「笄」については先に述べたが、「目貫」は、刀身が柄から抜けないように留める目釘の頭の飾り金具で、表裏用二個で一対をなす。「小柄」は、小刀の柄であり、刀身を伴わずに、柄だけが独立で扱われる場合が多い。なお、初代祐乗には、小柄の作品がほとんどなく、笄と目貫の「二所物」が主であるといわれている。小柄が独立して取り扱われるのは笄や目貫より少し遅れる。「三所物」が主流になるのは、四代光乗〜五代徳乗の頃であるようである。カラー口絵に掲げた「獅子図三所物」は数少ない祐乗の三所物である。

では、ここで質問である。「銅に金が少し入ったらなぜ黒くなるのだろうか?」

実に不思議な現象であるが、この種明かしは、章を改めてすることにしよう。ここでは、赤銅の醸し出す黒色は、実に多くの人々を魅了してきたということに触れておくに留める。

実は、私自身も赤銅に魅入られた一人であった。赤銅などの日本の近世を彩った合金は、私が歴史的な金属材料に関して興味を持ち出した初期の頃の研究テーマの一つであり、赤銅の発色メカニズムの解明が私の学位論文の中心でもあったのであるから。

金工が漆工に近づく

赤銅の放つ黒い背景をバックに映える金象嵌細工。これは、まったく黒漆に浮かぶ金蒔絵の姿を髣髴とさせるではないか。祐乗は、金属を用いて、黒漆の持つ「漆黒」を実現したかったのではないか、と私は考える。銅に少量の金を加えた「赤銅」の持つ「漆黒」に出合った祐乗は、自らの作品をこの赤銅で表現することに固執したのである。ここに、金工が漆工に近づいた姿がある。かつて、漆工が蒔絵を通して金工に近づいたように。金工と漆工の融合を見る思いがする。

祐乗を祖とする後藤家は、祐乗伝来の材料とデザイン、さらに技術力をもって、室町時代、戦国時代を生き抜き、江戸幕府御用達の「家彫《いえぼり》」として、刀装具の世界に君臨することになる。しかし、ただ漫然と世襲だけがなされたわけではない。要所で傑物が現れ、実に機を見て敏なる動きをもって、一族の結束を固めているのである。

特に、四代後藤光乗、五代後藤徳乗の両人は、戦国の世でも傑出した存在であった。

第五章　「金・銀・銅」をめぐるダイナミズム

——発展期の「金・銀・銅」——

「金・銀・銅」が、深く静かに潜行しながら日本人の生活の中に浸透していく姿を、はっきりとしたかたちで捉えるのは、なかなか難しいところである。もちろん、蒔絵の登場や、仏像や仏具の荘厳などへの利用は目に見える豪奢な姿として目立ってはいても、経済や社会の活動と直接的な関わりを持つ意味で積極的な姿を見せるまでには至っていないように見受けられるのである。何か嵐の前の静けさのような、次なる飛躍的な展開に対して満を持している雌伏の時期、これを模索期として、私は捉えてみたわけである。

そして、いよいよ約八〇〇年にわたる長い模索期の静けさを破るときが到来する。歴史とは不思議なものである。いくつかの出来事が、一斉に動き出すような瞬間がある。一六世紀の初めの頃も、ちょうどそんなときだったのだろう。「金・銀・銅」をめぐるダイナミズムの口火が切られるのである。一端、動き出すと急激に複合作用が生じて、一〇〇年にも満たない間に、日本は当時の世界の中で、屈指の鉱山国にまで急成長した。長い模索期に十分な活性化エネルギーが蓄積されたから、一瞬で急激な反応が生じたのである。

発展期―二つの技術が同時進行

この発展期は、ただ金属資源としての「金・銀・銅」を産出する「第一の技術」だけではない。その素材を活かして加工する「第二の技術」も合わせて、双方が同時進行的に大きく発展を遂げた。その意味では、世界的に見てもたいへん稀有な現象である。

「金・銀・銅」の発展期は、群雄割拠に始まる支配闘争の時期とも重なった。そのエネルギーの根源が、「金・銀・銅」であったといってもよいだろう。特に、鉱山開発からいうと、銀山が先駆け、金山が続き、銅山がその後を追った。

一六世紀の末に、ようやく豊臣秀吉が全国を束ね、いよいよ体制は、安定の方向へと向き始める。一六世紀の急激な発展期を終えた日本の「金・銀・銅」は、次の段階としての熟成期に入る。私は、徳川家康が一五九五年に金座の前身の小判座を設置したときをもって、その転機と位置づける。家康は、まだ秀吉の存命中でありながら、すでに次を見越しての算段をとっていたのである。

一六世紀という時代の要請とともに、ダイナミックに躍動した、まさに「発展期」の「金・銀・銅」を見てみよう。

1　「銀の王国」石見銀山──世界をめぐった日本の銀

長い模索期を打ち破る出来事の一つが、鉱山の開発ではなかろうか。当時、いち早く本格的な開発が始まった鉱山が、島根県にある石見《いわみ》銀山である。

石見銀山の開発

石見銀山は、実際には鎌倉時代あたりからその存在は知られていたが、『銀山旧記《ぎんざんきゅうき》(石見国銀山要集)』によると、博多の商人、神屋寿禎《かみやじゅてい》が石見銀山を発見したのが一五二六年となる。当時この地域を支配した大内氏は、博多商人と手を組み、中国との勘合貿易で大きな富を得ていた。寿禎もその一人である。石見銀山で得た銀鉱石は、当初博多を経由し朝鮮半島まで運んで製・精錬したが、輸送費と効率の問題から現地で作業することになった。そして、現地に招かれた宗丹《そうたん》、慶寿《けいじゅ》という技術者二人によって、灰吹法という銀の製・精錬技術が伝えられた。これが一五三三年のことである。

灰吹法については、すでに古代の生産遺跡、飛鳥池遺跡の項(第三章5)で、その原型の存在を論じた。一五三三年に石見銀山にもたらされたという灰吹法は、その基本的な理論は同じでも、古い時代のものとは違って、銀の回収率を向上させた改良型と見なしてよい。この新たな灰吹法は、鉛の吸着剤として骨灰を炉の中に敷き詰めるもので、作業の効率化と銀の回収率の

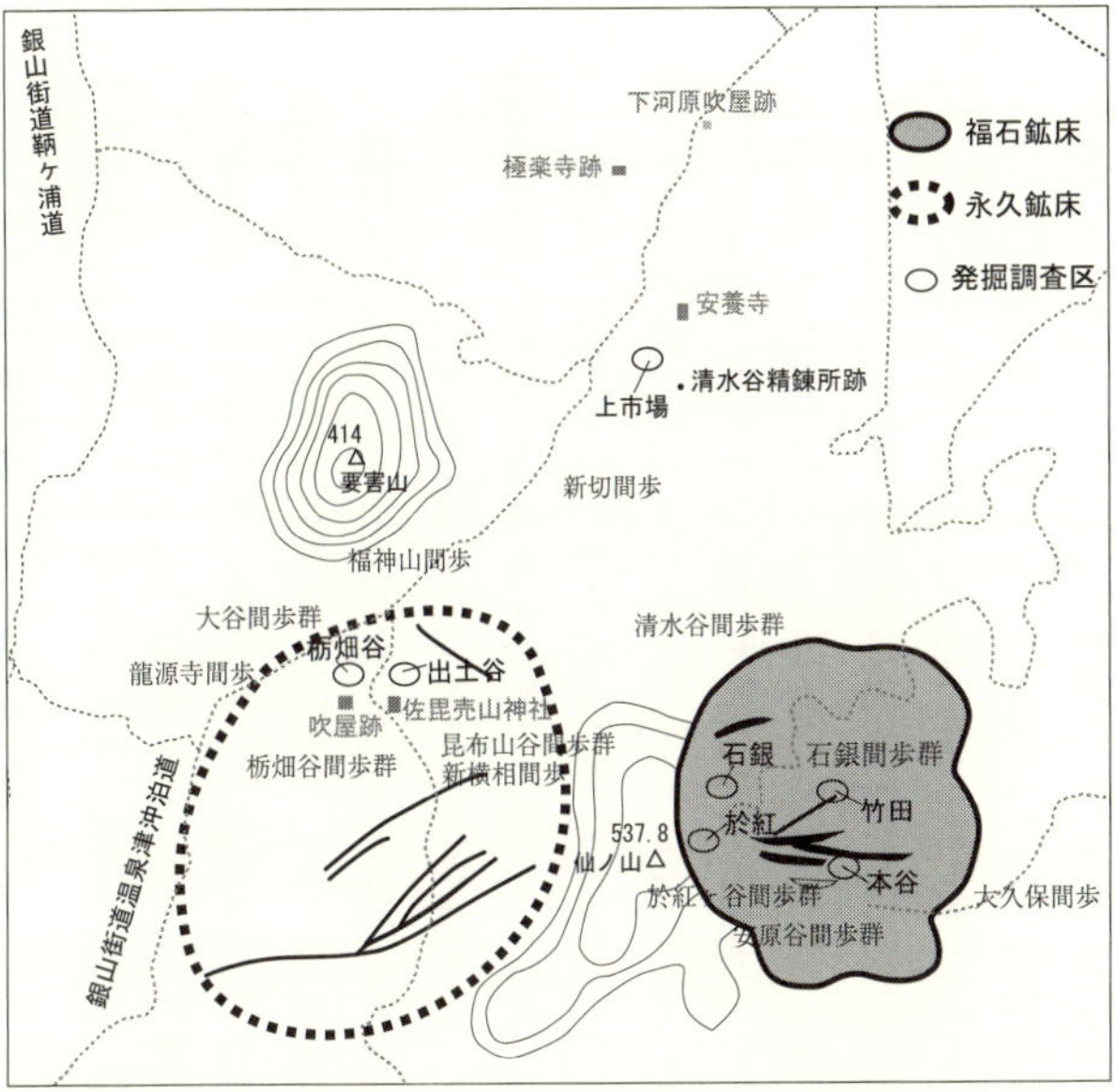

図 5-1　石見銀山遺跡，鉱床および調査地区．『石見銀山科学調査報告書』を元に改変

向上を図っている。

石見銀山は、これによって銀生産量を大幅に増やす一方、その後活動が盛んになった兵庫県の生野銀山や、新潟県の佐渡金銀山など、日本各地の金銀山へも伝えられた。「灰吹法」の導入は、近世の鉱山開発の先駆的存在となった石見銀山にとって極めて重要であり、「第二次鉱山ブーム」の象徴である。本書において、中世の長い模索期を一気に打ち破って発展期に入る契機を、石見銀山の本格的な開発が始まる一五二六年に据《す》えたのもそのためである。

日本を代表する産業遺産

石見銀山は、その後も操業を続け、明治以降もさらに採鉱が試みられたが、残念ながら一九二六年に閉山した。古くからの操業の痕跡は、いつの間にか繁茂した竹林の下に隠れ、まったくその面影をも消し去ってしまったのである。しかし、石見銀山の歴史的な重要性が改めて再認識されることになり、石見銀山遺跡は日本を代表する産業遺産として評価され、ユネスコの世界遺産に登録しようとする機運が生まれた。そして、島根県と地元の大田《おおだ》市を主体とした石見銀山遺跡の本格的な調査が、一九九六年から始まった。ここでは、さまざまな分野の調査が繰り広げられた。例えば、石見銀山をめぐる歴史的な文献記録を調査する文献調査班、実際に遺跡を発掘する発掘調査班、遺跡内に残された石造物、とりわけ墓石中心に調査する石造物調査班、町並みなど歴史的建造物を調査する建造物調査班など、多面的な調査班が設けられ、多数の専門家が分担して関わった。私は、発掘調査によって出土する遺物や遺構に対して科学的調査を行い、当時の鉱山技術を解明することを担当することになった。

鉱床の調査から

石見銀山は、世界的に見ても珍しい銀鉱山である。限られた狭い範囲に、仙ノ山を中心とする「福石鉱床」と、その周囲に取りつく「永久鉱床」というそれぞれ成因の異なる特徴的な二つの鉱床を持つ。石見銀山の開発が、類まれな良質な銀鉱床、福石鉱床から始まったことは幸運であった。福石鉱床中では、銀は輝銀鉱が主であり、イオウ成分が少ないのが特徴である。

私が科学調査の最初に着目したのが、「ユリカス」であった。鉱石の選鉱段階では、鉱石を砕いて、銀が存在している部分と銀が存在しない部分に分ける必要がある。そのために、鉱石を細かく砕いて一〜二ミリ程度の砂粒状にして、水の中で比重の差によって分ける作業をする。この作業を、「淘《ユ》る」、「汰《ユ》る」という。文字どおり、必要なものだけを「淘汰」するのである。実際の作業は、「ユリ盆」という木製のお盆を水に潜《くぐ》らして、この盆を揺すって細かく砕いた鉱石の重い粒子だけを選り分ける。そして、銀を含まないとして捨てられた細かい砂粒が、「ユリカス」である。石見銀山遺跡では、「ユリカス」が層になって堆積している場所があった。「捨てられたモノ」であるユリカスに残留する銀の濃度を分析し、当時の技術水準を探ろうとする試みである。これが、鉱山遺跡において、ユリカスを分析した最初の事例となった。

その結果、ユリカスの中に〇・一%に近い銀が残留するものがあることがわかった。現代の鉱業技術では、一トン中に一〇〇グラム、すなわち〇・〇一%の銀を含めば採算が採れるというから、捨てられたユリカスにその一〇倍近い銀が残留していることになる。また、他の鉱山でやるように、碾臼《ひきうす》を用いて鉱石をさらに細かく挽き、銀の回収効率を少しでも上げることもやっていない。良質の銀が大量にとれたため、そんなことをする必要もなかったのだろう。福石鉱床の優秀性は、銀の品位の高さだけではない。銀がほとんど硫化物として存在しないため、イオウ分を除去する作業を伴わない。これは、製・精錬作業における大気汚染の軽減にも繋がるのである。

しかし、永久鉱床の鉱石では、同じようにはいかなかった。銀を多く含む硫化銅鉱が主となり、鉱石から前もってイオウを抜く焙焼《ばいしょう》という作業も時には必要になるなど、銀を取り出す工程も単純ではなくなる。鉱石の質の違いは、工程に反映される。そして、捨てられたモノにも。すなわち、製錬→精錬の工程で出る鉱滓(スラグ)、いわゆるカラミ(鍰)の形態や状態も異なってくる。カラミは、発泡質、塊状、流動状、板状などいくつかの種類に分けられる。私は、兵庫県の播磨《はりま》科学公園都市にある世界最大のシンクロトロン放射光実験施設、「SPring-8」を利用してこれらのカラミを分析し、福石鉱床と永久鉱床それぞれにおいて、鉱石から目的とする銀を抜いていく作業を地球科学的観点から考察し、工程のフローチャートを作成した。

灰吹法の実証

石見銀山といえば、灰吹法である。仙ノ山の中腹、石銀藤田《いしがねふじた》地区の発掘調査で、灰が詰まった鉄鍋が出土した。一九九八年のことである。この鉄鍋は、佐渡金山絵巻などに描かれていた幻の「鉄鍋」ではないかと、皆いろめき立った。鉄鍋自体は、中世の頃、煮炊きに用いた一般的な鍋であるが、その中身が大事なのである。この鉄鍋に対して、さまざまな科学調査を行った。灰をすぐに掻き出さずに、X線CTで内部を探るとともに、灰の分析も行った。灰には、鉛と銀が含まれていることが認められ、さらに骨の成分である水酸化リン酸カルシウム(アパタイト)も検出した。灰の中から、獣骨の小さな破片も見つけた。この鉄鍋は、まさに灰吹に用いられたものだった。石見銀山遺跡の発掘調査における最大の成果品となった。

その後、出土谷《だしつちだに》地区から、灰吹法の最終段階で得られる「灰吹銀」、本谷《ほんだに》地区からは、灰吹銀を作る一段階前の「貴鉛《きえん》」が出土した。出土した地区や遺物の時代も異なるが、石見銀山遺跡全体から見れば、灰吹法の本質に関わる一六〜一七世紀の実資料が三点セットで揃ったことで、石見銀山遺跡の価値証明に大きく貢献することになったのである。

石見銀山遺跡の価値

鉱山での一連の作業工程を、火との関係で分けると、①採鉱→選鉱、②製錬→精錬と二つにくくることができることはすでに述べた(第一章1)。

例えば、明治以降の近代的な設備が整った鉱山においては、①の工程の採鉱の部分はさておき、選鉱から②の各工程は、それぞれに必要な設備を整えた施設で集約的に作業したほうが無駄なく効率的と考えるであろう。したがって、作業効率のよいところに恒久的な施設を設けた。当時使われたレンガ造の施設などが残っているとすれば、産業遺産としてもたいへんわかりやすいのだろう。

しかし、一六世紀から一七世紀頃に最盛期を迎えた石見銀山では、手掘りで掘った狭い坑道である間歩《まぶ》ごとにその入り口付近で一連の作業を行っていた。請け負った間歩ごとに家内工業的に行う小規模な操業であったわけである。当時は山のそこここで、このような小さな規模の銀を取り出す操業が行われていたから、たいへんな賑わいであったろう。原始的で非効率的に思えるこのような小さな操業でも、数が重なると全体の生産量も膨大になる。一時期は、世界の銀生産量の三分の一を日本が担い、その大半を石見銀山が占めたといわれるのである。

現在では、明治時代の石造遺構として、清水谷《しみずだに》精錬所跡が残る程度で、最盛期だった近世の建物群はすっかり消え去り、山全体がもとの自然に戻っているため、かつて繁栄した銀山の全体像がなかなか把握しづらいのが現状である。「石見銀山遺跡は、わかりにくい」とよく評されるのも、無理からぬことである。しかし、一八〜一九世紀にかけての産業革命の洗礼を受けていない、近世の産業遺産としての価値を誇れる遺跡として、石見銀山遺跡の存在の意義は強調しても強調しすぎることはないのである。

2　鉄　砲——日本のエンジニアリングの原点

鉄砲は鉄だけではできない

石見銀山に始まる近世鉱山の開発とほぼ同時に近世の幕開けを告げる新しい動きが起こる。鉄砲伝来である。一五四三年とされる種子島への鉄砲伝来は、象徴的な話として受けとめる必要があろうが、概ねその当時の実情を物語ってい

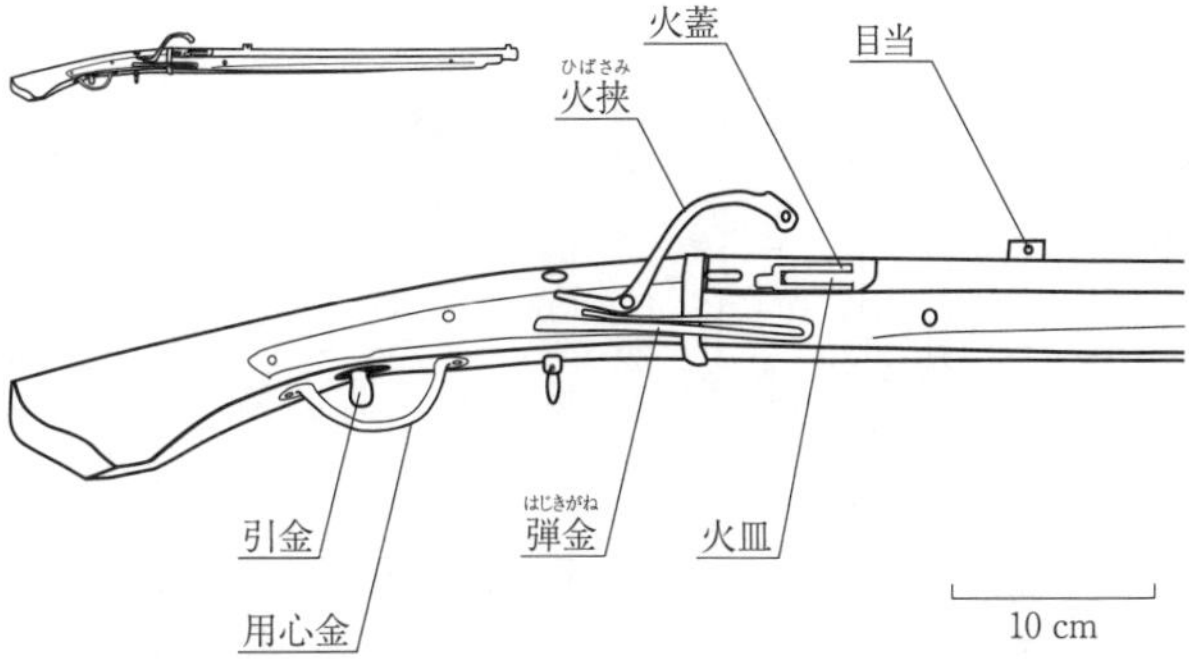

図 5-2　鉄砲の構造．著者作成

るのだろう。鉄砲の製作技術の獲得に関しての逸話は多い。例えば、日本で製作を始めた当初、鉄砲の銃身の内面にネジ栓のための螺旋《らせん》を切る技術がわからなくて、うまく尾栓《びせん》を作ることができない。そこで、秘伝を獲得するために娘をポルトガル人に嫁がせたという、工人の苦労話も語り継がれている。少なくとも、鉄砲の伝来以来、短期間に日本での普及を見たことは事実であり、実用的な鉄砲を完成させるための試行錯誤は並大抵ではなかったことは想像に難くない。

　鉄砲製作というと、まず鉄の技術を思い浮かべる。これは、銃身が鉄製であるためだが、鉄砲は鉄だけでできているのではない。銃身以外では、銃床は木製であり、それに取り付くさまざまな鉄砲金具、特に鉄砲玉の発射機構であるカラクリ部分などは、鉄以外の金属でできている。鉄砲金具類の材質は、一般には銅‐亜鉛合金である黄銅《おうどう》、いわゆる真鍮《しんちゅう》である場合が多いように見受ける。

伝世している鉄砲は、一七世紀以降のものが多いから、鉄砲金具に黄銅が使われていても不思議でない。しかし、黄銅が日本で一般的に使われるようになるのは、鉄砲伝来の時期より少し遅れると見られるので、鉄砲伝来当初の鉄砲金具類にどのような合金が使用され、そしてどのような材料に落ち着いていったのか、材料技術史の立場から見てもとても興味深い。

工人たちの試行錯誤の跡

一九九四年、京都府長岡京市の開田《かいでん》遺跡から、鉄砲金具の一つ、火挟《ひばさみ》が出土した。火挟は、火縄を挟んで沿わせ、発火点の火皿に導く金具である。火縄挟《ひなわばさみ》ともいう。これが火皿をたたくことで火薬に火がつくのである。出土地は、一五八二年、本能寺の変で織田信長を討った明智光秀と、備中高松城を攻めている最中にこの変事の報を受け、急遽とって返した羽柴秀吉とが天下分け目を戦った天王山の麓にあり、山崎の合戦が繰り広げられた地である。この火挟は、この戦いで使われた鉄砲の部品であった可能性も十分あろう。

開田遺跡出土の火挟は、錆びてはいるものの形はしっかり残っている。形状からして、古いタイプの金具と見てよい。錆びた表面からの分析ではあるが、ヒ素などを少々含むものの、基本は銅‐銀合金であることがわかった。銀も二〇%近く含むようであるから、「四分一《しぶいち》」と呼ばれる合金(次節参照)と見てよい。四分一の名は、銅に二五%、すなわち四分の一の銀を含むことに由来する。鐔《つば》などの刀装具に用いる合金である。四分一が、鉄砲の火挟に使われていたことは少々驚きであったが、当初は刀鍛冶が鉄砲づくりに関与したといわれることからすれば、これも不思議ではない。

この火挟の調査に関わりながら、鉄砲製作に携わった工人たちが、鉄砲伝来以来さまざまな材料を試行錯誤している様子が目に浮かんだ。例えば、引金を引いてから、弾金《はじきがね》に弾かれた火挟が火皿をたたくまでの時間をいかに短くするか、という課題にも彼らは取り組んだに違いない。特に弾金には強靭なバネ性が求められる。また、無駄のないカラクリのメカニズムの追求と繰り返しの使用に耐える耐久性を備えた優秀な材料の選択など、まさに現代のエンジニアに要求される課題を、彼らは無意識下に実践したわけである。

鉄砲という外来の装置を、分解・研究し、それまでに持ち合わせていた自前の技術で消化し、さらにオリジナルを凌駕《りょうが》する性能を付加した独自のものを短期間で作り上げてしまう姿は、日本の近代化以降の技術開発そのものの姿を髣髴とさせる。鉄砲の製作に関わる以前にも、外国生まれのものに改良を加え、日本のスタイルを作ることは行われていたが、鉄砲カラクリのような、動的なメカニズムを伴う事例は初めてであり、このような技術がその後、和時計などの製作技術にも発展していったのであろう。私は、そういう意味でも、鉄砲伝来に関わった工人たちの仕事ぶりに、現代日本のエンジニアリングの原点を見る思いがするのである。

用心金《ようじんがね》も、出土例がある。一六世紀後半の石見銀山遺跡からの出土である。用心金とは、引

図5-3　原城跡出土の鉄砲玉．南島原市教育委員会蔵，写真：著者

金に誤って触れないようにカバーする金具である。鉄砲の姿を思い浮かべれば、用心金の存在はすぐに理解できるが、さまざまな遺物の中にこれだけが単独で混じっていると、何の金具かなかなかわからないだろう。石見銀山遺跡でも、緑青サビに覆われたこの金具は、私が見るまでは箪笥の引き手金具の類と思われていたのである。分析すると、これは銅とスズの合金、青銅製であった。

島原の乱の弾丸

遺跡自体は一七世紀になるが、島原の乱で有名になった長崎県南島原市の原城跡からも、多数の鉄砲玉とともに用心金などの鉄砲金具が出土している。実は、鉄砲関係の金属製遺物の中で最も多く出土するのは、鉛製の鉄砲玉である。原城跡でも、直径一センチ弱程度の丸い弾丸が、炭酸鉛に変化して白く粉をふいた状態で多数出土した（図5-3）。緑青サビで覆われた用心金は、銅-スズ-鉛をベースとする青銅製ではあった。しかし、銅、スズ、鉛の他に、数%の亜鉛を含む点から見ても、日本の従来の青銅とは違った組成であり、これは日本製ではないのではないか、おそらくアジアのどこかで作られたのではないか、と私は考える。いつ、どこで作られ、そして誰が使った鉄砲の部品かはわからないが、島原の乱が起こった一六三七年以前に作られたものであることだけは間違いない。

私が調査した事例は、いずれも一六世紀から一七世紀へと鉄砲金具の材質が落ち着いていく過程の一コマを飾る産物にすぎないのだろうが、工人たちの試行錯誤の痕跡を語る実資料としてたいへん重要な存在である。一見同じような形をしていても、中身の材質は一様ではない。作り手の工人たちの創意工夫の結晶である。出土遺物は、同じように緑青サビがふいているからといって、一律に銅合金として片付けてしまえるほど、単純ではないのである。

時代的には後でふれる話題ではあろうが、一七世紀以降の火縄銃について少しふれておこう。

幕末の火縄銃改造

鉄砲伝来から一六世紀後半にかけて大きく発展を遂げた鉄砲ではあるが、火縄によって火薬に点火するという基本的な機構は、江戸時代に入ってからも長く変わらなかった。鎖国下の幕藩体制で、鉄砲隊を編成して戦うような大きな戦もない状況が幕末まで続いたことも大きな要因だろう。しかし、一八世紀後半には、日本の周辺海域に列強の艦船が出没するようになり、徐々にそれまでの旧態の兵器では、西洋の外圧に対抗できないのではないかという機運が盛り上がりつつあった。

それが現実になったのが、一八五三年、日本中が大騒ぎになったペリーの率いるアメリカ艦隊、いわゆる黒船の来航である。夷狄《いてき》の脅威から海浜《かいひん》を護れと、幕府を筆頭に諸藩のあわてぶりは尋常ではない。

ペリーの来航と前後して、各藩は洋式軍備を一斉に取り入れ出した。加賀藩でも例外ではなかった。一八五三年には、「西洋流火術方役所」を設け、さらには洋式兵学校「壮猶館《そうゆうかん》」に発展させている。そして、一八六三年には、足軽の火縄銃の発火装置を、「雷粉《らいふん》」仕掛けに改造するようにお達しが出ている。雷粉は、当時最新の発火薬である雷汞《らいこう》の粉末であり、これを用いた雷管式銃への改造を目論んだのだろう。

ここで興味深いのは、一九九八年に金沢城内の石川門の二の門に隣接した三ノ丸の東北隅に置かれていた鉄砲所跡から、幕末における鉄砲改造の痕跡ではないかと見られる遺構が出土したことである。火蓋、引金、火挟、目当に至るまで、火縄銃のカラクリに用いるさまざまな金具類がばらばらになって多数出土している。ちなみに、金具類の材質は、概ね銅‐亜鉛合金である黄銅であるようだ。鉄砲金具がこれだけまとまって出土したことはかつてないだろう。中には、再熔解のためか火を受けたものもあるというから、ここで火縄銃の改造が行われた可能性は十分考えられる。

ただし、改造された銃がどの程度役立ったかは、今や知る由もない。

3 甲州金・蛭藻金・丁銀・豆板銀——貨幣制への道

「金・銀・銅」の発展期のスタートを担う鉱山として、石見銀山の存在を大きく取り上げたが、石見銀山に限らず、この時期、各地で金山、銀山、銅山の開発が相次いで行われた。まさに、「第二次鉱山ブーム」である。

戦国大名と鉱山開発

この時期に爆発的な鉱山ブームを迎えた背景には、社会的な要請があった。群雄割拠した戦国大名たちは、かつて土地を与えていた部下への論功行賞、最新の鉄砲をはじめとする軍備拡張など、自らの領土を安堵し、さらに覇権を争うためには、大量の軍資金を要した。確かに、集約して存在感を誇る貴金属としての金、銀は、権力、財力の象徴としての利用価値は絶大である。有力な戦国大名は、自分の領内で鉱山を開発し、独自の通貨を用いたようである。このような社会的背景の中で、徐々に金、銀、銅を用いた貨幣制度の必要性が生じてきたのだろう。

早い時期の金山開発として注目すべきは、やはり武田氏が開発した金山である。武田信玄が一時期絶大な権力を誇った背景には、甲斐国の金鉱山の開発によって得た金の力があった。山梨県塩山《えんざん》市にある黒川金山は、発掘調査で、一六世紀の前半、一五三〇年には稼動を始め、一七世紀中頃まで続いていたことが確かめられている。まさに、武田信玄の全盛期を支えた金山の一つといえよう。

武田氏の金は、最初は砂金や不定形な金塊であったが、やがてある程度貨幣に近い形に整形された碁石金《ごいしきん》などを用いた貨幣制度が整えられたことが注目される。いわゆる甲州金の四進法である。「両」を基本とし、その四分の一を「分《ぶ》」、さらに四分の一、すなわち両の一六分の一を「朱」、朱の二分の一を「朱中」、朱の四分の一、すなわち両の六四分の一を「糸目」、糸目の二分の一を「小糸目」、とする貨幣単位が設けられた。金、銀が豊富に出回るようになる一六世紀中頃は、まだ金、銀が一定の取り決めで扱われていたわけではないだけに、甲州金の先見性は高く評価されてよい。それは、甲州の貨幣単位であった両、分、朱が、のちに徳川幕府の貨幣制に踏襲されたことからも窺える。

もともとは金も重さで取引

豊臣秀吉が全国制覇した一六世紀後半から、一七世紀に徳川幕府が貨幣制度を整えたのちでも、金、銀は、かなり任意の形態をもって流通していたと見てよい。もともと、金、銀は、重さで評価されていた。金は、砂金を錦の布や紙で包んで取り扱うのが基本だったのであろう。それを、インゴット化し、一定の塊として扱うようになった。

奈良市の奈良町北室町《きたむろまち》遺跡から、たいへん珍しい遺物が出土している。南都七大寺の一つ元興寺の旧境内にある一六世紀末から一七世紀初めの遺跡で、大きな埋甕の跡が多数並び、油などの蔵跡ではないかと見られている。そこから出土したのが蛭藻《ひるも》金《きん》である。蛭藻金とは、一定の塊として使うようになった金塊を厚さ一ミリ程度まで打ち延べ、長楕円形の薄板状にしたもので、植物の蛭藻の形に似ているので、この呼称があるのだそうだ。その形態的特徴や、片面だけにはっきりと鎚目が残っている点など、後に発行される小判などに至る金貨の原型と考えられるが、これまでに出土例も少なくその実態がよくわかっていなかった。

　ここで注目すべきは、北室町遺跡出土の蛭藻金が完形ではなく、一部が切られた状態である点である。鏨《たがね》で刻みを入れ、そこで折った痕跡が認められる。このように鏨で切った痕跡は、銀の貨幣には認められる。切銀《きりぎん》と呼ばれる。銀は重さで取引する秤量貨幣《ひょうりょうかへい》であるため、適宜切断して使う場合があったからである。しかし、小判などの金貨は、貨幣制度が整った江戸時代では額面の値を持つ計数貨幣である。江戸時代の大判は、切ったり削ったりさせないために、縁に鏨で刻印が打たれている。まるで、現代のコインの縁に刻まれたギザを連想させる。きれいに整形した大判や小判は、切っては使わない。切った痕跡が残る蛭藻金が出土したことは、秤量貨幣として機能したことを想起させる。すなわち、蛭藻金の段階では、金も重さで取引する秤量貨幣であったと見てよい

図 5-4　蛭藻金(北室町遺跡). 奈良市教育委員会蔵

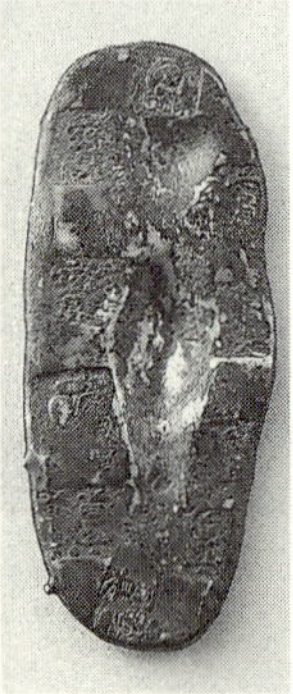

図 5-5　丁銀（大阪城下町遺跡）．大阪市文化財協会蔵

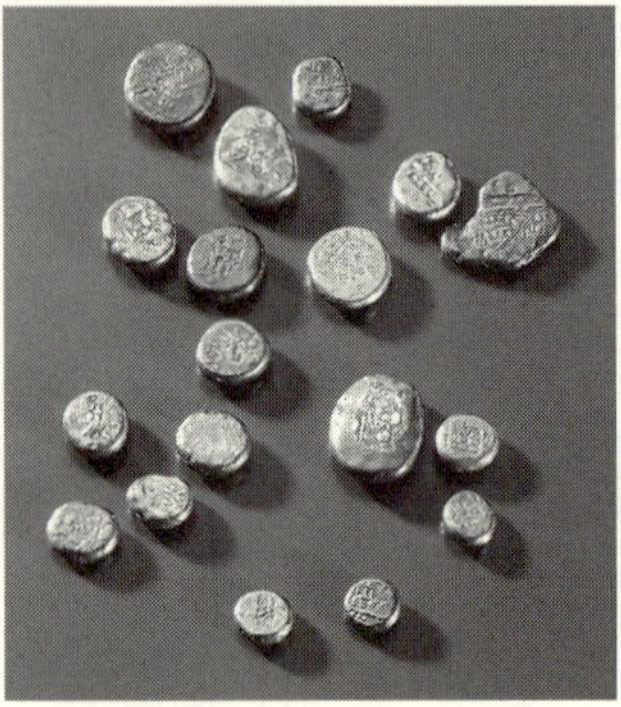

図 5-6　豆板銀（原城跡遺跡）．長崎県南島原市教育委員会蔵，写真：著者

のではなかろうか。

　ちなみに、この蛭藻金の材質は、金の含有率がかなり高い。含まれる銀は一五％程度、他に少量の銅が含まれていた。のちに、江戸時代の小判の規範となる慶長小判よりも良質である。

丁銀、豆板銀、「四分二」

　銀は、丁銀《ちょうぎん》と豆板銀《まめいたぎん》という形で取引された。この丁銀と豆板銀のコンビは、実に不思議な取り合わせである。銀は、一六世紀後半には、古いタイプの丁銀が現れる。これは、蛭藻金同様、銀の塊をたたいて薄く延ばしたものである。しかし、貨幣制度が整った一七世紀以降は、薄板に仕上げるものではなく、鋳放したままの不定形なナマコ形の銀の塊に刻印を打ったものになる。豆板銀も、無造作にできた銀塊としか見えない。重さで取引する秤量貨幣であり、しかも後々は紙包みのまま流通したからとはいえ、形や見かけに敏感で、しかもどんな形にでも加工成形できる高度な金工技術を持ちえた当時の日本人が、この奇妙な形を容認し、長続きさせたことは不思議に思える。金の大判や小判が、一定の様式美に沿って仕上げられているのとは好対照である。下手に整形しないことに、かえって真贋の拠りどころを求めているとでもいうのだろうか。

丁銀、豆板銀の材質は、銀一〇〇％ではない。銀と銅の合金である。上質な丁銀が含む銅は、二〇％程度に留まる。

この銀と銅の合金は、当時の金工に携わる工人には馴染みのある合金であったはずだ。後藤家を中心として製作した刀装具の材料の一つに「四分一」と呼ぶ合金があり、まさにこれが銀と銅の合金そのものなのである。

四分一については前節でも少しふれたが、銅に銀が四分の一含まれることによって付いた名前であり、日本の金工では重要な合金の一つである。四分一はたいへん多様性があり、銅と銀の配合比次第で、さまざまな四分一が出来上がる。例えば、銀を六〇％含む四分一を、白四分一と呼ぶ。したがって、初期の頃の上質の丁銀や豆板銀は、八〇％程度の銀を含むから、白四分一の延長線上にある合金と見てよい。しかし、江戸も後期になると、銀の割合がどんどん減って、本来の四分一そのものの材質になってしまう。

さて、丁銀の持つ奇妙な形に話を戻そう。戦前の話になるが、丁銀と四分一の材質の共通性に関心を寄せていた造幣局で、丁銀を試作したことがある。四分一を伝統的な方法によって作る際には、鋳型にあたるものとして、布を張った湯床《ゆどこ》という装置をお湯の中に設ける。この四分一鋳造法に倣《なら》って、熔けた丁銀の地金を湯床に流し込むと、少しいびつな形をした、真ん中にくぼみのある丁銀らしきものができたという。四分一という合金を通して、丁銀という貨幣と刀装具がリンクしていることが窺える。

それから、この合金組成は、たたいても延びにくい。丁銀が、一定量の地金を湯床方式で鋳込んだそのままの姿だとすると、丁銀作りの工人たちの息遣いが聞こえてくるような気になり、不定形なナマコ形の形態にもなんとなく納得できてしまうのである。

4　歴史の中に封印されたメダイ

宣教師の見た日本の金・銀・銅

一六世紀に外国からもたらされ、日本の社会に大きな影響を与えたものは、灰吹法などの鉱山技術や兵器としての鉄砲だけではなかった。一五四九年、鹿児島にたどり着いた宣教師、フランシスコ・ザビエルによってもたらされたキリスト教が当時の社会に与えた影響は相当大きかったようである。

現代の我々が、何気なく口にする言葉や食べ物などにも、当時来日した宣教師たちが伝えたポルトガル語の影響が色濃く残っていることを見ても、それは容易に理解できる。例えば、カルタ。その後、江戸時代には「歌留多」などと言い換えられてはいるが、もとはポルトガル語のcarta。金平《コンペイ》糖の語源もconfeito、ポルトガル語である。その他、テンプラ、パン、ズボン、カッパ、ジュバン、ラシャ、メリヤス、ビロードなどなど。また、彼らが伝えたイソップ物語は、仮名草子『伊曾保物語』と変身した。このように、現代の我々の言葉や普段の習慣に、当時の彼らの名残を探すこともおもしろいが、私は逆に、彼らが当時の日本をどのように把握していたか、ということに興味を持つ。イエズス会本部への報告や、手記などによって、彼らの目から見た日本を垣間見ることができる。日本の史料だけではわからない信長や秀吉の姿は、一読の価値はある。

　私が注目するのは、イエズス会の宣教師たちが、自分たちの日本語習得のために一六世紀後半の日本語をポルトガル語に翻訳した『日葡《にっぽ》辞《じ》書《しょ》』である。ここには、三万語を超える当時の日本語が、ラテン語表記の独特のローマ字で綴られているので、当時の発音も窺える。類義語や対義語を載せ、さらには難解な言葉には解説もある。本格的な辞書である。この成果を前にすると、日本に対する彼らの並々ならぬ意欲を感じてしまうのだ。

　「金・銀・銅」に関連する項目を拾ってみよう。金は、“Qin（キン）”あるいは“Cogane（コガネ）”。銀は、“Guin（ギン）”あるいは“Xirocane（シロカネ）”。銅は、“Acagane（アカガネ）”、として項目を飾る。「コガネ、シロカネ、アカガネ」とは、なかなか趣きがあるではないか。ちなみに、「金銀銅」と並ぶと、“Congodo（コンガゥダゥ）”と不思議な発音をしたらしい。中には、かなり専門的な言葉も見受けられる。例えば、“Faibuqi（ハイブキ）”。これは、「灰吹」である。解説に、「上等の銀」とある。これにより、当時、純度の高い銀を「灰吹銀」として認識していたことがわかる。“Rozzuqe（ラゥヅケ）”は、「鑞付《ろうづ》け」（第二章5参照）のこと。こんな言葉も、当時すでに日常語であったことがわかる。解説には、「金属同士を接合する」とあり、融点の低い合金を使って金属同士を接合することが簡潔に記されている。『日葡辞書』は、外からの眼で見た一六世紀後半の日本の姿を焙《あぶ》り出してくれる。

禁教から島原の乱へ

天下統一にあと一歩まで迫った織田信長は、どうやらキリスト教に興味を持っていたようだ。ルイス・フロイスらにも何度も謁見を許している。旧守の仏教に対抗する意味もあったのだろうが、彼らとともにやって来る西洋の新しい事物に惹かれたようである。彼らもそれに乗じて、この時期に大いに勢力を延ばした。信長の後を継いだ秀吉も、最初は容認していたが、一五八七年に突如、伴天連《バテレン》追放令を出し、キリスト教を禁止した。彼らの勢力が台頭し、看過できなくなったということなのであろう。実際に、彼らは貿易などさまざまな面でも大きな存在になっていた。

当初、キリシタンを容認していた徳川幕府も、一六一二年に禁教の方針を打ち出し、取締りが厳しくなった。キリシタン大名も大きな迫害を受けた。その一人、摂津高槻城主であった高山右近は、最終的に一六一四年マニラに追放、かの地で生涯を終えた。一六二〇年代からは、イエスやマリアの像を足で踏む、絵踏も行われたという。そして、一六三七年キリシタン禁教の最大の出来事、島原の乱が起こる。

九州の肥前島原半島と肥後天草島は、もともとキリシタン信徒が多い地域であった。幕府のとったキリシタン禁教政策に対する不満が募っている中、島原領主松倉氏の苛政に抗して、一六三七年一〇月島原の農民が蜂起したことに端を発し、これに天草の農民が呼応するとともに、旧領主有馬家の遺臣や浪人も加わり、一大勢力となった。一一月の終わり頃から、島原半島南端に位置する原城に集結しここを占拠、弱冠一六歳の益田四郎時貞、天草四郎を首領に仰ぎ、籠城の戦法をとった。原城は、旧領主有馬家の城であったが、松倉氏が領主になったあと廃城となっていた。戦闘は熾烈を極めた。予想以上の抵抗に業を煮やした幕府は、新たに老中松平信綱を総司令官として派遣し、九州諸大名の出陣を要請した。藩兵を幕府の許可なく他領に入れてはならないという武家諸法度の規定に、緊急時の例外を設けるきっかけとなる大事となった。一六三八年二月二七日の総攻撃で、原城は落城、一揆軍は壊滅した。戦いは一昼夜を越えたという。

乱後、原城は徹底的に破壊され、石垣の一部が残るが、小高い丘にしか見えない状態であった。史跡整備に伴い、一九九二年に、南有馬町(現・南島原市)教育委員会による原城跡の発掘

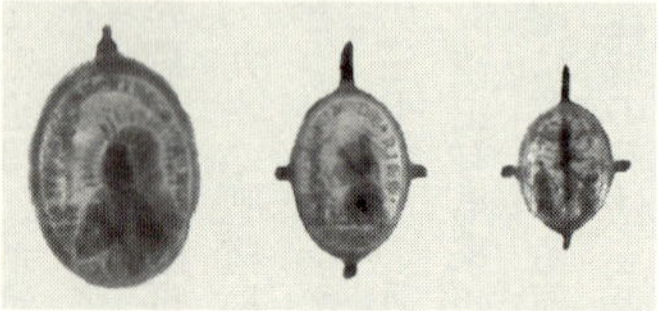

図 5-7　右は原城跡出土のメダイオン．上はメダイオンのX線透過写真．ともに南島原市教育委員会蔵，写真：著者

調査が始まり、三六〇年を経てその封印が解かれるときがきた。当初、何も残っていないと思っていたが、発掘により夥しい人骨が出土する。バラバラになった人骨の出土状況は、戦闘の過激さと、その後の放置状態を生々しく語る。文字どおり、惨殺の跡を、これほど生々しく残す遺跡も珍しい。

人骨とともに、多数の鉄砲玉や用心金などの鉄砲金具も出土した（本章2参照）。さらに、かなりの数の豆板銀も出土している。そして、十字架、メダイ、ロザリオの玉など、キリシタン関係の遺品も出土した。十字架は、いずれもネックレスに下げる小ぶりのものである。しっかりとした材質でできた十字架とともに、鉛製の十字架もある。鉛製の十字架は、いかにも粗雑なつくりで十字のバランスも悪い。これは、鉛製の鉄砲玉を鋳直して作られたのではないか、と考えられている。

原城跡のメダイオン　私は、原城跡からの出土遺物のいくつかの材質を調べる機会を得た。

鉄砲金具の材質については、すでに述べた。ここでは、メダイの材質を見ておこう。メダイとは、金属製のペンダントである。メダイオンともいう。大きなもので三センチ弱の楕円形を呈する。二センチ以下の小ぶりのものの中には、上端の吊り手とともに、下端、左右に十字になるように突起が出ているものもある。土中で長く埋蔵されていたため、腐食が激しく、いずれも表面はサビで厚く覆われている。X線透過撮影により、レリーフされている文字や模様が蘇った。表裏別々の画像を持つメダイでは、残念ながら得られた画像は重なってしまうが、十字架にかけられたキリスト、聖母マリア、天使が聖体を拝する画像、イエズス会の創始者ロヨラと思しき人物像も見受けられた。画像をめぐってポルトガル語の文字が配されている。紛れもない、キリシタンの遺品である。

材質は、非破壊的手法による表面からの分析であるため、正確な配合まではわからないが、主体は銅である。スズと鉛を含む青銅が基本であるが、鉛がかなり多いものもある。ただ、私が分析した一二個のメダイすべてに、亜鉛が一〜三％程度、多いもので七％も含まれていた。しかし、単純に銅‐亜鉛合金の黄銅、いわゆる真鍮というわけではない。基本は、やはり青銅であろう。数％のアンチモンを含むものも一点あった。これまでに、日本で出土した中世から近世の金属製品を数多く調査してきたが、あまり見かけない材質であり、おそらく外地で製作されたものが日本にもたらされたのではないかと想定する。

島原の乱以降、ポルトガルからの渡航は完全に禁止され、事実上の鎖国体制に入った。原城跡のメダイの材質的系譜も、封印されたのである。

第六章　世界の最高水準の達成、そして

——熟成期、爛熟期の「金・銀・銅」——

一六世紀の急激な発展期を終えた日本の「金・銀・銅」は、次の段階としての熟成期に入る。私は、徳川家康が一五九五年に金座の前身、小判座を設置したときをもって、その転機と位置づける。家康は、まだ秀吉の存命中でありながら、すでに次を見越して手を打っていたのである。そして、一六一五年の大坂夏の陣から、一八六八年の戊辰戦争に至るほぼ二五〇年間にわたって、島原の乱のような局所的な戦いは別として、全国的な規模での戦いがない、これまた世界的に見ても極めて珍しい安泰な時期を有する国になるのである。

熟成・爛熟期
―鎖国の下で

この熟成期には、「金・銀・銅」をめぐる「第一の技術」と「第二の技術」、すなわち、「金・銀・銅」の産出とその利用の双方が、世界の最高水準の域に到達したといっても過言ではない。弥生時代に始まった日本の「金・銀・銅」は、ほぼ一八〇〇年の年月を要して世界のトップレベルまで発展したのである。たった一八〇〇年間で、といったほうがよいだろう。達成したレベルの高さから見れば、驚異的な短期間と見なしてよい。

しかし、鎖国下にありながらも、長崎出島を通しての海外との貿易による「金・銀・銅」の流出は甚だしく、その防御も原因の一つになった外国との関係の実質的な断絶が、かえって鉱山技術の停滞を招き、特に金・銀の鉱山資源の枯渇も始まった。鉱山における産出量だけから見ると、一七世紀の中頃には、早々に爛熟期に入るといってもよい。私は、「金・銀・銅」に関しての爛熟期に入る時期を、一七三六年の元文《げんぶん》の小判改鋳と据えることにした。小判の改鋳は、一六〇一年に慶長小判が出てから、江戸時代を通して八回行われる。一六九五年に出された元禄小判が一度品位を落とした後、一七一四年正徳小判、それに続く享保小判で慶長小判の水準への復帰をめざした。しかし、一七三六年の元文小判で再び品位を下げることになり、その後の改鋳で再び品位が上がることはなかった。金貨に含まれる金の量を減らすことは、財政の建て直しや金の海外流出量を抑えるなど、さまざまな経済効果を期待した結果であろうが、その遠因には「金・銀・銅」をめぐる「第一の技術」、鉱山資源の開発の翳《かげ》りがあると見られる。

しかし、「金・銀・銅」をめぐる「第二の技術」、「金・銀・銅」を用いた金工技術そのものは、刀装具を中心にますます精鋭化し、手の技の極限を達成したレベルはまったく下降することなく江戸時代の終焉までその高みを維持し続けている。それを支えたのが、町人の力である。

金工技術だけ見ても、将軍家、旗本の御用達である後藤家の「家彫《いえぼり》」と並んで、裕福な町人層をターゲットとした「町彫《まちぼり》」の隆盛が見逃せない。後藤家の下職人から独立した横谷《よこや》宗與《そうよ》、宗珉《そうみん》らによる横谷派や、奈良利寿《としなが》、杉浦乗意《じょうい》、土屋安親《やすちか》を中心とする奈良派などから、名人がたくさん輩出し、後藤家の作風には見られない自由闊達な彫金の世界を展開した。浮世絵が登場するのもこの頃である。そして、蘭学の台頭もある。それらが相伴って、本格的な近代化という荒波に曝される前段階として、次の段階への新たな展開を生み出す起爆剤を養生したのがこの時期である。私は、この時期を爛熟期という表現はしているものの、近代を前にした第二の模索期とするほうがより現実的であるかもしれない。そして、一八五三年、ペリーの黒船来航によって、大きな転機を迎えることになる。

1　金座・銀座・銭座——後藤家と大黒屋

信長・秀吉・家康と後藤家

一六世紀の怒濤の一〇〇年を語る際に、抜くことができないのが、織田信長、豊臣秀吉、徳川家康の三人であろう。もちろん、他にも重要な人物は枚挙に暇《いとま》はないが、この三人は特に外せない。そして、「金・銀・銅」に関しても、やはりこの三人が深く関わる。

信長は、志半ばで倒れたが、動乱の世を平定し、新しい社会の枠組みを作るための基本的な施策をいくつか実行していた。また、生野銀山などを管理下に置くなど、金、銀を貨幣として用いる契機を作った。一五八二年に倒れた信長の後を引き継ぎ、天下統一を実現させた秀吉は、武将たちを掌握するために、全国各地の鉱山を接収、あるいは上納金を納めさせ、金大判などを作らせた。秀吉の存命中から、着々と次への布石を打っていたのが、家康である。そして、最終的に、日本の主要な金山や銀山は、徳川幕府が天領として直轄することになった。徳川家康は一六一六年四月、七四歳でこの世を去った。『久能御蔵金銀請取帳《くのうおくらきんぎんうけとりちょう》』によると、彼が残した遺産は、金九四万両、銀四万九五三〇貫目、銀銭五五〇両で、金換算では実に二〇〇万両にも達するという。まさに、人類史上、まれに見る資産家として君臨したのである。

家康は、一五九五年、江戸に小判座を設けることを秀吉に請い、許可された。そして、これに協力を要請したのが後藤家である。後藤祐乗を初代とする後藤家が、代々刀装具の宗家として江戸時代の最後まで君臨することはすでに述べた。

祐乗の跡を継いだ二代宋乗、三代乗真もそれぞれなかなかの金工技術の持ち主で、祐乗の作り上げた刀装具のモチーフの定着化を図った彼らの功績は大きい。

しかし、一六世紀の戦乱の世を第一線で泳ぎきるには、金工家としての匠の技だけでは通用しない。四代光乗、五代徳乗親子の世知に長けた才覚が大いにものを言ったのだろう。何といっても、光乗(一五二九〜一六二〇)は九一歳、徳乗(一五五〇〜一六三一)は八一歳と親子ともども、当時としては驚くべき長命である。足利家に始まり、織田信長、豊臣秀吉、徳川家康と歴代の為政者が順次天下を手中に収めていく姿を京の都で目の当たりにしながら、しかもその都度彼らそれぞれにしっかりと重用されている姿は驚嘆に値する。

一族も華麗である。後藤家の系図を見てみると、光乗自身は、安土桃山時代を代表する大和絵の狩野《かのう》派の総帥、狩野元信《かのうもとのぶ》と義兄弟であり、徳乗の娘たちは、狩野家や本阿弥《ほんあみ》家に嫁いでいる。本阿弥家は、代々刀剣の鑑定や研磨を業とする一方、本阿弥光悦《こうえつ》などの工芸家を輩出した名家である。まさに、当時の文化サロンを担う町衆の特権階級であったのであろう。

一五九一年、秀吉が作らせた天正一九年六月と墨書の残る天正菱大判は、世界最大の金貨といわれる。縦五寸七厘(約一五センチ)、横三寸三分六厘(約一〇センチ)の長円形、「拾両・後藤(花押)」の墨書があり、後藤家の家紋である桐の極印を菱形の囲みの中に打ったため、この名がある。五代徳乗の作。重さは、約一六五グラム。鎚の跡目が細かい莫蓙《ござ》目を刻み、おおらかな俵型をなす。金大判は、一般の通貨ではない。専ら賞賜用である。

金貨から分銅まで

貨幣の機能を持った金貨が、小判の形で正式に登場するのは、一五九五年、家康が小判座を設置するのを待たなくてはいけない。のちの金座となる小判座が設置されたことをもって、私は発展期から熟成期への転機と位置づける。これは、家康が貨幣制を見据えた布石なのである。家康の要請を受けた徳乗は、店の手代、橋本庄三郎を後藤家の養子とし、江戸へ送り出した。金座の当主、後藤庄三郎光次の誕生である。金座の後藤家は御金銀改役《あらためやく》も兼任し、本家をしのぐ権勢を誇ることになった。

後藤家には、もう一つ重要な役割があった。徳乗は、信長の命を受け、天秤の分銅を作り大判金を吹いたといわれる。これを契機に、後藤家は天秤の分銅製作の座も掌握した。江戸時代に両替商が使用した天秤の分銅は、後藤家の製作したものに限られた。一説には、天秤までも製作したといわれている。

このように見てくると、後藤家は、金工技術を活かした刀装具の宗家、貨幣制度を担う金座、さらには、商取引の根幹を担う分銅の座までをも、掌握していたことになる。もっとも、金座後藤家は、不正のため一一代庄三郎で断絶するなど、江戸時代を通じて順風満帆というわけではなかった。

一方、銀座は最初伏見に一六〇一年に設置されたという。銀座自体は、事務を掌握する町人たちの座と、丁銀と豆板銀を鋳造する鋳造所(吹所《ふきしょ》)で構成される。吹所を担当したのが、大黒《だいこく》常是《じょうぜ》である。もともと堺で銀吹を営んでいた湯浅作兵衛を祖にし、鋳込んだ丁銀などに、大黒さんの極印を用い、この大黒極印銀が家康に好まれたことで取り立てられた。銀座は、その後、京都に移り、江戸、京都、大坂、長崎にも設けられたが、のちに江戸に一本化された。

さて、金座、銀座に対して、もちろん銅座も存在するが、その設立の趣旨が異なる。金座、銀座は、貨幣としての金貨、銀貨の発行を管理する座であったが、銅座は、銅地金の取引に関して、特に長崎から輸出する御用銅《ごようどう》の確保を目的として一七〇一年に設置された機関である。

したがって、ここで論じている貨幣としての銅銭の発行に関わるのは、鋳銭座、すなわち銭座《ぜにざ》の仕事となる。銭座は、金座、銀座に少し遅れて、一六三六年に江戸と近江坂本に設けられ、寛永通宝を鋳造した。

江戸時代の貨幣制度

こうして作られた金貨、銀貨、銭貨の間を両替屋が取り持ち、江戸時代の三貨制度は成り立っていた。一見、とても体系的なシステムのように見受けられるが、実際には二重、三重の複雑な構造を呈していた。まずは、その地域性。「東の金遣い・西の銀遣い」といわれるように、江戸は、金貨を本位とした金建《だて》・金遣い、これに対して上方は、銀貨を本位とする銀建・銀遣いであった。この理由として、早くから拓けた銀山が西日本に多いことや、日本では古くから銀が使われており、先に文化が開けた上方のほうが銀を中心に経済が動き、関ヶ原の合戦以降に金貨ができたことが江戸で金を中心とする要因となった、などなどさまざまな要因が挙げられている。

さらに三貨の使用は、階級性をも反映しているといわれる。金大判や小判は、幕府の中枢や大名など、つまり、家彫としての後藤家の刀装具を身に付けるような身分の高い武士しか普通は縁がなかった。下級の武士や町人は銀貨が中心、そして庶民は銭貨を用いた。

江戸時代の三貨制は、「金・銀・銅」それぞれが本位であり、しかも交換可能でありながら、このように当時の社会構造や社会情勢をも包含した上に成り立つ極めて融通無碍《ゆうづうむげ》な制度であり、世界的に見ても独特であった。「金・銀・銅」をめぐる「第一の技術」と「第二の技術」の双方が、最高の水準に達した熟成期だからこそ確立できた制度といえるのではなかろうか。

2　「誘色」の美――「金・銀・銅」の織りなす「色金」の世界

「金・銀・銅」をめぐる「第二の技術」の一つである、鏨《たがね》を用いて繊細な文様を刻む彫金技術は、熟成期を経て、爛熟期に最高水準にまで達するといってよい。例えば、後藤家代々の作品を顕微鏡で観察すると、その繊細な鏨さばきの見事さに魅せられる。一～二ミリ程度に彫られた武将の顔の表情に、武士の精神性まで読み取れるとなると、尋常の技ではない。

赤銅と四分一

そして、それと同時に、金属材料の「色」を醸し出す技術も特筆に価する。

後藤家の初代祐乗が重用した赤銅《しゃくどう》が、「烏の濡れ羽色」を想起させる独特の黒色を呈する合金であり、祐乗がこの合金を使って刀装具を作り、その様式を確立したことによって、日本の金工技術が大きく発展したことはすでに述べた。日本の伝統的な金工の分野では、この赤銅と合わせて、四《し》分《ぶ》一《いち》など、独特の色を持つ合金を「色金《いろがね》」と呼ぶ。そして、これらの合金の持つ色は、特別な方法によってもたらされるのである。

赤銅は、名前に「赤」を持ちながら、艶のある紫黒色を呈するという不思議な合金、しかも「しゃくどう」と呼ぶ。なお、烏の濡れ羽色を想起させることから、「烏金」とも書く。この合金の基本は、銅に金を三〜五％加えたもので、もともとの地金の色は、純銅とほとんど変わらない赤桃色である。色金のもう一つの代表的な合金は、丁銀の項でも紹介した四分一である。その基本は、銅に銀を二五％、すなわち四分の一ほど加えることから付いた名前である。この合金も「いぶし銀」のような独特の味わいのある色で有名であるが、もともとの地金の色は、銅そのものと大きな違いはない。

金属を煮て色を出す

では、いったいどのような方法によって、これらの合金がそれぞれ独特の色を持つようになるのだろうか？　実は、意外に土俗的というか、錬金術のような方法で発色させているのである。銅鍋で沸かした湯に、少量の緑青（塩基性炭酸銅）、丹礬《たんばん》（胆礬・硫酸銅）、さらには明礬《みょうばん》などの薬品を加えて、これらの合金をグツグツと煮ると、表面の色が一変する。赤銅は、艶のある見事な紫黒色、四分一は、「いぶし銀」の渋い銀灰色を呈するようになる。これが、「煮色法《にいろほう》」と呼ばれる日本の近世金工を代表する発色法である。そして、この方法で色が出る合金が「色金」と呼ばれる。

カラー口絵に掲げた図は、明治時代の作品であるが、色金の色を具体的に理解してもらうために、私がよく紹介する作品である。色金使いの名人、海野勝珉《うんのしょうみん》の作品である。黒馬が赤銅、白馬が白四分一、背景が銅でできている。煮色法で色を出す前のもともとの地金の色には大きな違いがないのに、煮色法で煮込むだけでこれだけの色の違いが出るのは驚異である。

一般に、「着色」というと、絵の具やペイントを塗るように、任意の色の塗布剤を対象物の表面に「着せる」ことである。もし、対象物の表面がペイントを弾かなければ、下地の素材の材質や色には関係なく自分の好きな色を着せることができるわけである。それに対して、赤銅や四分一の持つ色は、それぞれの地金が合金化されたことによって、固有にしか持ちえない金属学的な特徴を反映した色である。煮色法によって得られたそれぞれの色は、合金ができたときから決まっていた色なのである。すなわち、潜在的な材料の特性が、「煮色法」によって誘い出されて顕在化した姿といえる。したがって、私は、「着色」とは一線を画す意味を込めるために、「誘色《ゆうしょく》」と呼ぶことにしている。これは、私の造語なので、『広辞苑』にも載っていない。この誘色の概念は、例えば、陶磁器の釉薬の色にもあてはまるといえよう。火を受ける前の釉薬はいずれも泥色であるのに、窯の中で焼かれると色鮮やかな釉に変身する。これは、釉薬に含まれる元素がもともと潜在的に持っていた化学的な特性が特有の色となって顕在化した現象と見ることができる。まさに、これも「誘色」の妙なのである。

誘色のメカニズム

では、赤銅や四分一の「誘色」のメカニズムを探ってみよう。

赤銅にも、かなり多様な種類がある（表6-1）。かねて、金の含有率によって、どん

表6-1　金の含有率による赤銅の種類

		純金	銅	銀	白味	
					豊後	小豆
赤銅	最上	5分 (4.8%)	10匁 (95.2%)	—	—	—
	普通	2.5～3分 (2.4～2.9%)	10匁 (97.6～97.1%)	—	—	—
	下等	1分 (0.9%)	10匁 (92.7%)	1分 (0.9%)	1分 (0.9%)	5分 (4.6%)
	劣等	—	10匁 (92.6%)	2分 (1.9%)	1分 (0.9%)	5分 (4.6%)

清水亀蔵述「金工製作法」講義録(1937)より

な色が得られるのか、実験的に検証したことがある。さまざまな金の含有率の合金を用意して、実際に「煮色法」で煮込んでみると、赤銅として発色のよい金の含有率は、三～五％であった。赤銅の表面を、最新の表面分析を駆使して、さまざまな方法で解析してみると、赤銅が煮色法によって紫黒色を呈するようになるのは、本体の地金の表面に形成された厚さ三ミクロン程度の亜酸化銅（Cu_2O）の膜の中に金原子がコロイド状に分散し、それらが表面から入ってきた光を吸収するためであることがわかってきた。

四分一も、銅に銀を四分の一混ぜたものだけではなく、配合比によっていろいろ種類がある（表6-2）。銅と銀は、ある程度以上になると均一に混ざらない性質を持っているため、表面を顕微鏡で観察すると、金属組織が斑に不均一になる傾向が認められる。金属学的には、典型的な共晶合金の組織をとる。

煮色法で煮込んだ後の四分一の表面を電子顕微鏡で観察してみると、凸に浮き出たネットワーク状の銀に囲まれた銅の部分が微妙に凹になっている様子が窺える。銅の部分は、煮込み中に銅が溶出するとともに、表面に亜酸化銅の薄い層が形成される。一方、銀の部分は白く浮き出るため、二色の微妙なコントラストとミクロな凹凸のために生じる光の散乱が、マクロには艶消しの渋い雰囲気を醸し出すことになるのである。したがって、四分一は、「朧銀《おぼろぎん》」とも呼ばれる。銀の配合比を変化させると、表面に占める銅と銀の面積比を調節することができる。銀の割合を大きくしたものは、銀の白がかなり強調されることになり、白《しろ》四分一、上《じょう》四分一と呼ばれるわけである。四分一は、銀と銅の配合比の調整で、変幻自在な色を生み出すことができるすぐれた材料なのである。

　後藤祐乗の登場を機に、近世に完成された日本の金工技術は、誘色によって得られた赤銅の漆黒を背景に、金と銀を引き立たせることを基本とする。そして、四分一などの色金も加わり、地味ながらもカラフルな色の世界を展開することになる。まさに、金、銀、銅が織りなす「色金の世

表6-2　銀・銅の配合比による四分一の種類

			銀	銅
四分一	白		5〜6匁 (55.6〜60.0%)	4匁 (44.4〜40.0%)
	上		4匁 (40.0%)	6匁 (60.0%)
	並	内三分	3匁 (30.0%)	7匁 (70.0%)
		外三分	3匁 (23.1%)	10匁 (76.9%)

清水亀蔵述「金工製作法」講義録(1937)より

界」である。

赤銅は、海外でもたいへん注目されている合金である。黒い表面を持つ銅合金は、「赤銅タイプ」と呼ばれている。

3 「棹銅」の赤――「銅の国」日本の象徴

江戸時代の輸出品の代表として、銅が挙げられる。特に、江戸時代の初めの頃、銅は輸出の主要品目の一つであった。

では、当時どんな形で銅を輸出していたのだろうか?

『鼓銅図録』の棹銅製作

この問いかけに対しては、具体的な回答が可能である。それは、輸出用の銅インゴット、棹《さお》銅《どう》の製作工場のカタログとでもいうべき書物が残されているからである。『鼓《こ》銅図《どうず》録《ろく》』という。大坂長堀(現・大阪市中央区島之内一丁目)にかつてあった住友銅吹所における作業の手順を、木版多色刷りによって詳細に説明した冊子である。屈強な男たちが働く姿を多色刷りの木版画でリアルに表現してあり、絵を見ているだけでも見飽きない。長崎出島のオランダ商館長などが、工場見学に訪れたときに渡す土産用のカタログといわれる。一六世紀、アグリコラによってドイツで出版された『デ・レ・メタリカ』のような大部な書籍ではないが、その存在は第一級の技術書として、世界的にも名高く、英語やドイツ語にも翻訳されている。一九世紀初めに出版されたもので、著者は、住友家の大坂銅吹所の支配人であった増田半蔵方綱、絵は『河内名所図会』の絵師丹羽《にわ》桃渓《とうけい》、巻頭の「大鈞鼓銅」の揮毫は、狂歌の蜀山人《しょくさんじん》、こと大田《おおた》南畝《なんぽ》である。南畝は、大坂の銅座勤めの役人であった。

住友銅吹所の発掘調査

この住友長堀銅吹所は、元禄の一六九〇年から明治の一八七六年まで稼動していたと見られ、その跡地は住友家の洋館と庭園になっていた。日本人居住用として建てられた大阪では最古の洋館も第二次世界大戦の戦災で焼失し、基礎を残すだけになっていた。一九九〇年から一九九二年にかけて、大阪市文化財協会による本格的な発掘調査によって、遺構の全貌が明らかになったが、その後敷地内には住友銀行の事務センターが主要な遺構を避ける形で建設された。

一九九二年一月に発足した住友銅吹所跡銅精錬関係遺物分析検討委員会の一員として参画した私は、発掘によって出土した遺構や遺物が実にバラエティーに富んでいるのに驚いた。まさに、近世最大の生産遺跡の迫力である。何層にも切り合った炉跡や当時の銅精錬に関わるさまざまな遺物が生々しい物証として迫ってきた。『鼓銅図録』の世界が、現実となって現れたのである。

銅山の山元で製錬された粗銅は、荒銅《あらどう》と呼ばれ、銅を九五%程度含む。愛媛県の別子銅山を中心に、全国の銅山から荒銅が大坂の銅吹所に集められ、ここで高純度に精錬されたのち、主に輸出用の棹銅が作られたのである。もちろん、日本の国内用にも大きめの丁銅《ていどう》なども作られた。輸出用の棹銅は、おおよその大きさが長さ二二センチ、幅二センチ、厚さ一・五センチ程度、重さ三〇〇グラム程度のちょうど箸箱を少し細くしたような形をした銅の棒である。銅吹所跡からは、実際に銅のインゴットと見られる塊は多数出土したが、不良品が多く、輸出用の棹銅そのものに近い形状のものは四点と少ない。生産遺跡では、最終製品が出土することは極めてまれなのである。

出土した棹銅は、表面を厚く緑青サビで覆われているが、内部はきれいな純銅の赤桃色を呈し、いずれも銅は九九％を超える高純度を誇っている。これは当時の精錬技術の高さを示すものである。残留する銀の含有量も〇・〇二％程度と低い。

実は、銅に残留する銀を抜く技術こそ、銅吹所が誇るものだった。銀を〇・〇四四％以上含む荒銅は、銅から銀を抜く「南蛮絞り《なんばんしぼ》」という特別な工程にまわされた。銀を含む荒銅に鉛を加えて熔かすと、銅中の銀は鉛に移る。鉛が銅より融点が低く、比重が大きいことを利用して、銀を含んだ鉛を銅から抜くと、純度の高い銅が得られる。南蛮絞りでできた銀を含む鉛、いわゆる貴鉛から銀を抜くのが、銀山で行われていた灰吹法である。ここでも、鉛を用いた精錬が行われた。南蛮絞りは、灰吹法の発展的応用である。

さて、出土した棹銅は残念ながら緑青サビに覆われているが、本来はこんな色ではなかった。精錬で得た純度の高い銅から作られた棹銅は、見事な赤色を呈していたのである。オランダ商館長のヘンドリック・ベイクマンは、一六九七年四月一六日の日記に、棹銅が「よい形とよい色合」を持つと評している。日本の銅が好まれた背景には、この棹銅の赤色がある。

棹銅の赤色を探る

『鼓銅図録』に、屈強な男が、ルツボから溶けた銅を湯の中に布を張った湯床へ鋳込んで、棹銅を作る作業風景が描かれている。先に述べたように、丁銀や四分一は、銀‐銅合金を湯の中に布を張った湯床で作ったが、棹銅も同様に湯床を用いていることは、当時の鋳造技術を知る上で興味深い。

図6-1 棹銅を作る作業(『鼓銅図録』より). 住友史料館蔵

実際に湯床を用いて棹銅を作る実験が、大阪歴史博物館で行われている。まず、熱湯を満たした湯床の中に木綿の布を沿わせた木枠を沈める。その中に熔けた銅を鋳込む。鋳込んだ直後、銅のインゴットを取り出すと、表面が空気中で酸化され黒色になるが、これを冷水で急冷すると、表面の黒色層が剝がれ、見事な赤色が現れるという。これも、私のいう誘色の一例として挙げてもよいのではなかろうか。

京都鹿ヶ谷の住友史料館には、実際の棹銅が大事に保管されている。私は、赤い色の残る棹銅を一時借用し、赤い色の正体を調査した。その結果、この赤い色は、表面に薄くできた銅の酸化物、亜酸化銅の色であることがわかった。その厚さは、わずかに二〜三ミクロンであった。顕微鏡で見ると、表面の半透明の酸化層を透して、銅の綺麗な結晶粒が透けて見えた。まるで、赤いフィルター越しに銅の表面を覗いたようだった。この薄い層によって表面から入った光の青い成分が吸収されるとともに、この層を透過し、地金の銅の表面で反射された光との相乗効果で、鮮やかながら深みのある赤色が生み出されるのであろう(カラー口絵参照)。

棹銅の赤い層の厚さは、色金の赤銅や四分一の表面に形成された誘色を醸し出す薄い層と同じレベルであった。鍋で煮込んだり、湯に鋳込んだり、日常の煮炊きの延長のような方法は、一般に金属の持つイメージとは不釣合いだろう。しかし、そんなさりげない方法で、銅合金の表面に高度な色を具体化するところが、いかにも日本的とでもいえようか。

棹銅の持つ赤い色は、外国人を魅了したようだ。幕末になるが、シーボルトも帰国の際にコレクションに加えている。オランダの国立民俗学博物館には、オランダ商館員のフィッセルが持ち帰った棹銅がある。現在、愛媛県新居浜市の別子銅山記念館にある丁銅の一つは、明治になってイギリスに持ち帰られたものが、永久貸与というかたちでお里帰りしたものである。
銅の地金に付加価値を持たせた赤い色は、「銅の国」日本の象徴なのである。

4　江戸のイミテーション・ゴールド

黄金色、この輝きに人類は魅了され、追い求めてきた。黄金色を放つ金属を、何とか作れないかとさまざまな工夫をし、黄金色に近い色を出す金属が開発されてきたのである。

青銅、黄銅で黄金色を

古代からの銅合金の本流である青銅もその一つに加えてもよいだろう。この合金は、スズの配合比で色を変えることで有名である。赤桃色を呈する純銅に、スズを加えていくと、少しずつ色が変化する。具体的に見ていくと、次のようになる。

〇〜三％(銅赤色)　三〜一〇％(赤味を帯びた黄色)
一〇〜一二％(灰黄色)　一二〜一五％(白と黄の斑色)
一五〜二〇％(赤味を帯びた黄色)　二〇〜二七％(赤味を帯びた灰色)
二七〜三二％(銀白色)

したがって、一五〜二〇％程度のスズが含まれると、金色に近い色にはなるのである。例えば、古代の青銅器の中にもこの範囲のスズを含むものもある。佐波理も二〇％のスズを含む銅合金であるから、錆びていなければ金色に近い色はしているのである。

しかし、近世になって、青銅よりもさらに金色に近い色を発する合金が、日本に登場することになった。それが、黄銅《おうどう》である。黄銅は、銅に亜鉛を加えた合金、俗に真鍮《しんちゅう》という。我々にもお馴染みの五円玉が黄銅製。確かに、真新しい五円玉は、金色に似た輝きを持っている。

この銅－亜鉛合金も、亜鉛の量によってその色が変化する。これも具体的に見てみよう。

〇～三％（銅赤色）　三～一〇％（黄味を帯びた赤色）
一〇～二〇％（淡橙色）　二〇～三〇％（緑色を帯びた黄色、または黄金色）
三〇～三五％（黄金色）　三五～五五％（黄金色、次第に赤味を帯びる）

このように、黄銅は、かなり広い範囲で、黄金色が達成できる合金なのである。

一七六八年、田沼意次の時代に、この合金を使って四文真鍮銭が出された。混乱した銭相場を少しでも改善しようとする苦肉の策であったが、たちまち狂歌でからかわれた。

四文銭色は「うこん（鬱金）」でよけれどもかはいや後はなみの一文

なかなか手厳しいが、本質をずばりと見抜いているところが心憎い。ただし、真鍮の金モドキを認めていることは、また違った意味で興味深い。

金銅と黄銅を組み合わせる

ちょうどこの頃である。奈良の興福寺南円堂の再建が行われた。南円堂は、もともと八一三年に藤原冬嗣によって創建され、不空羂索観音《ふくうけんじゃくかんのん》をまつる。焼失と再建を何度も繰り返してきた。一七一七年に焼失後、一七九七年に再建を完了。我が国最大の八角円堂として、重要文化財に指定されている。また、西国三十三所の第九番札所としても庶民の信仰を集めてきた。

おそらく一七七九年以降と見られるが、再建にあたってその成就を祈って地鎮が行われた。それから時を経ること約二〇〇年、一九九一〜一九九六年にかけて平成の大修理が行われ、南円堂内部の須弥壇《しゅみだん》などはすっかり解体されることになった。解体された建物の地下は、土を何層にも搗《つ》き固めて築かれた版築《はんちく》層からなり、この中から江戸時代の地鎮の際に埋められたと見られる鎮壇具が見つかった。八面の入側の土中に、車輪のような形の輪宝を冠した密教法具である橛《けつ》が垂直に立てられた状態で、そして中央須弥壇の地下には宝物を入れる賢瓶《けんびょう》が埋められていたのである。輪宝を冠した橛と賢瓶が、約二〇〇年の時を経て、再び陽の目を見ることになった。

土中から顔を出した鎮壇具は、いずれも表面のほとんどを緑青サビに覆われていた。緑青サビの下にところどころ金色が見えるため、当初は、銅製の本体の表面を鍍金した、いわゆる金

図6-2　興福寺南円堂の鎮壇具の賢瓶．興福寺蔵，写真：著者

銅製ではないかと考えられた。しかし、材質をしっかり見極めたいということになり、私が調べることになった。

輪宝と橛はセットになっていたが、分析してみるとそれぞれ材質が異なっていることがわかった。輪宝は、予想どおり薄い銅板の表面を鍍金した金銅製であった。古代の金銅と同じように、銅板本体から出た緑青サビによって、鍍金の表面が覆われてしまったのである。しかし、橛は、予想に反して金銅製ではなかった。これは、銅と亜鉛の合金である黄銅であった。黄銅も基本は銅合金であるため、錆びれば、主成分の銅のサビ、緑青で覆われることになる。

賢瓶には蓋があり、蓋も本体も同様に緑青サビに覆われていた。実はこれも橛と輪宝のセットと同じ材質構成を成していた。すなわち、蓋の部分が金銅製で、本体は黄銅製だったのである。

賢瓶の蓋は、紐で結わえた痕跡があった。この蓋を慎重に外すと、現れた賢瓶本体の内面は錆びてはおらず、黄銅が放つ鮮やかな金色を呈していた。そして、和紙に包まれた水晶や金、銀の粒などとともに、植物の種などの存在が確認できた。地鎮供養のときに入れるとされる

「五宝五穀五薬五香」が納められていたのだろう。調査を終えた橛と賢瓶は、また元の地中に埋め戻された。今では、修理を終えた南円堂が何事もなかったように聳《そび》え立ち、奈良の空を画している。

第四章で見たように、法隆寺所蔵の銅製容器の材質の変遷を調べてみると、一八世紀になればほとんどの銅製容器が黄銅製となっていた。したがって、興福寺南円堂の鎮壇具として、一八世紀に作られたであろう賢瓶や橛の本体が黄銅製というのも、まさしく時代性を反映しているということなのだろう。

黄金色に輝く銅製の鎮壇具

ここで、私が注目するのは、それぞれの鎮壇具のパーツとしての輪宝と蓋が、銅板に鍍金した金銅である点である。金銅の表面は、金そのものの色である。したがって、それとセットを組んだ黄銅は、金の代用として用いられたと見てよい。まさに、当時のイミテーション・ゴールドとして黄銅が使われたことをはっきりと示す事例である。金銅と黄銅のセットで構成された橛と賢瓶は、当初はどちらも黄金色に輝き、遠目には金製の鎮壇具をわざわざ土に埋める豪勢な儀式に見えたのではなかろうか。

その後、新たな賢瓶と出合うことになったのは二〇〇二年のことである。新迎賓館の建設予定地の京都御苑で、やはり一八世紀の造営となる貴族の邸宅の跡地から、緑青サビに覆われた賢瓶が出土した。興福寺南円堂の鎮壇具にとてもよく似た形状を持っていた。分析してみると、京都御苑のこの賢瓶も、材質は亜鉛を一五〜二〇％含む黄銅製であることがわかった。そして、今度は蓋もしっかり黄銅製であった。今ではすっかり緑青サビで厚く覆われた表面からは想像もつかないが、地鎮の儀式のときには、金色に輝いていたことだろう。錆びた蓋を外したときに、目に飛び込んできた賢瓶内面が発する金色にかろうじてその名残をとどめている。中には、「五宝五穀五薬五香」が納められていたことはいうまでもない。

黄銅については、まだ謎も多い。それは、この合金が日本でいつ頃から登場し、いつ頃から定着するかという点にある。亜鉛は、ありふれた金属であるように思われるが、単独で製錬するのは、なかなか難しい金属なのである。実際に日本で、亜鉛を用いて黄銅を作り出した時期は、おそらく一七世紀に入ってからだろうと考えている。

黄銅は、現在でも金の代用に使われているのはご存知だろうか。例えば、カレンダーなどのカラー印刷の金色は、実は黄銅の細かい粒子の集合である。我々は、これを抵抗なく金色として受けとめている。まさに、イミテーション・ゴールドとして、黄銅は、現代でも十分に機能しているのである。黄銅の登場で、人類は、安くて簡単に金色を発することができるようになった。

5　金貨を「金貨」らしくする方法——小判の「色揚げ」

古来、世界的に見ても金貨は、主成分の金とともに、銀と銅を含んでいるのが一般的である。日本においても、この基本は同じである。金貨は、まさに「金・銀・銅」の申し子なのである。

高品位を保つ初期の金貨

しかし、金は、銅と同様に、合金として含まれる他の金属の種類とその配合比によって、色が微妙に変化する。例えば、金に銀が含まれると、少し青白くなる。また、金に銅が含まれると、微妙に赤色を呈するようになる。伝統的な金工では、この微妙な色の違いを使い分け、金と銀の合金を「青金」、金と銅の合金を「赤金」と呼ぶことは前に述べた。ちなみに、自然金が純金であることはまれで、銀を伴うのが一般的であるから、青金のほうが自然な金の色といえようか。

豊臣秀吉が一五九一年に作らせた天正菱大判には、天正一九年六月と墨書が残り、菱形をした桐の極印を打つ。金七四％程度の純度を誇る。金以外は、ほとんどが銀で、少量の銅を伴う。重さは、四四匁四分一厘、一六五グラムに相当する。純金を24Kとする慣例に倣うと、ほぼ18Kにあたる。24Kは軟らかすぎるので、金色の輝きを失わずに耐摩耗性などの特性が上がる18Kは、現代のジュエリーでも主流である。その後、家康が作らせた慶長大判は、金六七%と少し品位が下がるが、それでも16K程度はある。銀の他に少量の銅を伴うのは、色に赤味を持たせて豪華さを演出するためだろうか。大判は、もともと賞賜用として特別な存在であった。

改鋳による品位の低下

一方、小判に目を転じると、一六〇一年に正式な貨幣として発行された慶長小判は、逆に金八六%と20Kを超える高品位を示す。もちろん、残りは銀である。小判の場合、ほとんど銅を含まない。この慶長小判の品位は、のちに小判の品位の理想とされた。

江戸時代を通じて、大判は四回、小判は九回の改鋳が行われた。金の品位を調整することで、貨幣の流通量をコントロールし、財政難を乗り越えようとする試みである。最初の改鋳は、一六九五年である。元禄大判は五二%、元禄小判は五六%まで品位が落とされた。しかし、その後、小判は一七一〇年宝永小判が八三%、一七一四年正徳小判が八五%、一七一六年享保小判が八六%と、品位は戻された。一方、大判は、一七二五年享保大判によって、六七%まで品位を回復した。

しかし、これも長く続かず、一七三六年の元文小判では、再び六五%まで下げられ、その後小判の品位は回復することなく幕末を迎える。私は、このような背景を踏まえて、元文の貨幣改鋳を、熟成期から爛熟期への転機として位置づけたのである。

一八六〇年の江戸幕府の最後の改鋳で発行された安政小判は、品位も五七％であるが、大きさも小さくなり、重さは慶長小判の五分の一程度になってしまう。安政大判に至っては、金の品位は三五％まで落とされ、金貨というより銀貨といったほうがよい状態である。これは、幕末に開国した際に、海外との金銀の交換比を調整するために実施した苦肉の策としても、驚くべき状況である。

　このように、大判や小判の金の含有率が大きく変化すれば、色も当然変化するだろう。低品位の小判などすぐに見破られてしまうので、流通に支障が生じるのは目に見えている。もちろん、金銀の比率は、門外不出の極秘であるが、まさに「悪貨は良貨を駆逐する」事態を簡単に招くのではないか。

秘伝―小判を焼いて金色に

金座には秘伝があった。低品位の金貨を高品位の金貨に見せる極意があったのである。これを、「色揚《いろあ》げ」という。金－銀合金の表面から銀だけを除いて、金色に仕上げる方法なのである。これによって、少々銀が混ざっていても、見かけは質のよい「金貨」に見せることができる。

　具体的なやり方を簡単に記しておこう。まず、硝石、薫陸《くんろく》、緑礬《りょくばん》（ローハ）などの薬品を梅酢で練り、小判に塗りつけて炭火で焼く。まるで味噌を塗った煎餅を焼く要領である。焼きあがった小判を水につけ刷毛《はけ》で表面をこすると、表面から銀だけが除かれ、まるで純金のように輝く小判に生まれ変わる。小判の表面のわずか数ミクロンに存在していた銀がこの作業で取り除かれ、表面には金だけが残っていることが最新機器の分析装置によって確かめられている。この色揚げは、品位を落とした小判だけが対象ではない。良質とされる慶長小判に対しても実施されているという。すなわち江戸時代を通じて行われているため、小判表面はいつもほぼ一定の色を呈していたことになる。

もともと、金座の前身である小判座のときからの技術であろう。表面の数ミクロンに存在する金、銀を、いかにも泥臭い方法によってコントロールし、表面の色を改変してしまうやり方に、私は赤銅や四分一の「誘色」を醸し出す「煮色法」との共通性を感じるのである。「色揚げ」も「煮色法」も、いずれも目的とする色を獲得するために、後藤家が関与して開発した金属表面のコントロール法と位置づけることができよう。現代の科学から見ても高度な技術を、炭火で焼いたり、鍋で煮たりと、まったく日常生活のありふれた方法で、さりげなく達成していることは驚きである。近代化の洗礼を受ける以前に、日本でこのような技術が達成されていたことに改めて思いを馳せる必要があるだろう。

6　最後の大型木造帆船軍艦——「開陽丸」の残したもの

江差の海に沈んだ開陽丸

一八六七年一一月の大政奉還の後も、倒幕の機運は収まらず、一八六八年一月二七日の鳥羽・伏見の戦いで戊辰戦争に突入した。旧幕軍の海軍副総裁、榎本武揚が率いる海軍は、開陽丸を旗艦とする全艦隊を集結し、九月一六日密かに品川沖を脱出した。途中、嵐に見舞われ、苦労の末、一行は途中仙台で会津戦争の残党を乗せ、さらに北をめざした。彼らは、北海道共和国の建設に最後の夢を託したのである。

箱館五稜郭《ごりょうかく》を手中にした後、江差の沖合に停泊した開陽丸は折しも吹き荒れた北西の暴風雪のため座礁した。一二月二八日の未明のことである。そして、一〇日後に海の底に沈んだ。一説によると、過剰に積載した大砲などが重すぎて、バランスを崩したことも原因の一つではないか、といわれる。

新政府軍にとって最大の脅威であった開陽丸が沈んだことで形勢は一気に逆転し、五稜郭は一八六九年六月に陥落した。元新撰組の土方歳三もこのとき討ち死にしている。

しかし、五稜郭陥落後に入獄した榎本武揚は、彼の国際人としての才能と技術者としての手腕を惜しむ人々の嘆願により助命された。その後、一八七二年に北海道開拓使になって返り咲きを果たした後、新政府の要人の一人として活躍するという数奇な運命をたどることになる。

開陽丸は、三本マストの帆船で、排水量二五九〇トン、最大長七二・八メートル、四〇〇馬力の補助蒸気機関エンジンを備え、最新鋭のクルップ砲一八門をはじめ、計二六門の大砲を装備するなど、当時世界的に見ても最新の設備を誇る世界最大級の軍艦であったことには間違いない。幕府が起死回生をかけて海軍力の強化を図った象徴的存在である。ただ、時代の趨勢は、すでに木造船から、鉄板を張った鉄鋼船に移行していた。幕府は、当初アメリカに発注したが、アメリカはちょうど南北戦争の最中で、それどころではなかった。そこで、オランダに注文先を変えたことも新しい海戦様式に遅れをとる一因となったと見られている。

一八六二年、新船の建造に伴い、幕府から留学生も派遣され、一行は船が完成するまでの約四年間をオランダで過ごしている。総勢一六名からなる留学生には、軍艦操練所から技術者として参加した榎本たちの他に、法学などの専門家として、蕃書調所から津田真《ま》道《みち》や西周《あまね》らも赴いた。彼らは、いずれも後に日本の近代化の推進に寄与することになる。

一八六五年一一月二日にオランダのドルトレヒトで進水式を迎えた開陽丸は、一八六六年一一月二五日に無事完成し、一二月一日オランダを出帆、横浜港に着いたのは、一八六七年四月三〇日である。そして、ようやく六月二二日に最終的に日本側に引き渡された。一一月九日の大政奉還の約四ヶ月前のことである。日本における開陽丸の活躍の期間は、一年半にも満たないことになる。

引き上げられた遺物

一九七五年、江差沖での座礁沈没から約一一〇年後、江差町教育委員会を主体とする調査団により本格的な発掘調査が大砲の引き上げを手始めに開始され、多数の遺物が水深約八メートルの海底から引き上げられた。日本における水中考古学の先駆けとなる調査であった。

引き上げられた遺物は、実に多彩である。大砲、砲弾、ピストル、弾丸、日本刀など、大量の武器の他、帆船の帆やロープ、さらに当時のありとあらゆる生活用品を含む総点数約三万点が陸揚げされたのである。

遺物は実にバラエティーに富んでいた。艦の船首に付けられていたのであろう銅板製の徳川家の葵の紋や、日本の武士が当時日常に使っていたもの、例えば、刀の鐔などの刀装具もある。一つ面白い遺物がある。「ケレート・マークル　亀吉」という墨書のある木札の入った行李《こうり》である。この木札の裏には、「開陽」と焼印が押されている。海に沈んだ開陽丸の調査によって見つかった遺物の中で、唯一「開陽」の文字が見ることができる遺品である。「ケレート・マークル」とは、古いオランダ語で「仕立て屋」を意味するらしい。

この仕立て屋亀吉の行李には、さまざまなものが入っていたが、ここで注目すべきは矢立《やたて》である。墨壺の深さが三センチ、銅板で作られた小ぶりの矢立は、当初気づかなかったが、実は墨壺部分が、底〇・五センチ、ネジ部分が〇・三センチ、計〇・八センチの浅い円形になるように、精巧にネジがきられた二重底になっていたのである。そして、この隠し底に、二朱金一二枚が一列に並べられ、横の隙間に一朱銀二枚が入れられ、さらに音がしないように綿が詰められていたという。

銭を仕込んだカラクリ矢立は、「銭矢立」と呼ぶ。旅行の道中の安全のため、刀の鞘などにカラクリを作った「銭刀」など、お金を隠し持つことは当時よくやったらしい。しかし、一〇〇年以上海底にあり、発掘後も保存のために薬剤に一年以上漬けられていたのに、内部に水が浸み込んだ形跡もないほど、精巧なネジ溝が作られていたとは驚きである。江戸時代に達成された金工技術の高さを証明する事例として挙げてよいだろう。さらに、この二朱金は、ちょうどその頃流通していた質を落とした万延二朱金ではなく、質の良い天保二朱金である。亀吉氏が、この矢立をさぞ大事にしていたであろうことは、想像に難くない。

当時の日本の風俗を知るこのような遺品に混じって、"made in Paris"の真鍮製の懐中時計の部品や、華氏と摂氏の両方の目盛りを刻んだ温度計の文字盤など、当時の一般の日本人が触れることがないものが多数含まれているのだから、いずれをとっても興味深いものばかりである。船内での生活は、おそらく当時最も西洋的であったことが偲ばれる。まさに、和洋折衷の原風景とでもいえようか。

榎本も使った？フォーク

私は、調査の最終段階で、引き上げられた遺物の材質調査を手伝った。一九九三年のことである。

あまたの遺物の中で、最も印象に残っているのが、海水の中で一〇〇年以上も波にもまれて、グロテスクに変形したフォークである。

オランダで完成した開陽丸は、大西洋から喜望峰をめぐり、インド洋を経て日本までの一五〇日の長旅を、オランダ人の船員たちによって操舵されてきた。このフォークも船内で彼らが用いたものがそのまま残されたのであろう。

このフォークの材質を分析してみると、銅‐亜鉛‐ニッケル合金であることがわかった。この合金は、ちょうど一九世紀になる頃に開発されたジャーマン・シルバーという比較的新しい合金である。日本では、洋銀と呼ばれ、現在でも、銀製食器の代用として実用されている。したがって、このフォークは、日本で使用された最も早い時期の洋銀であるとしてよい。

洋銀自体が、銀と実によく似た雰囲気を持ち、これだけで銀の代用として十分役割を果たすのであるが、このフォークは、その表面に銀メッキが施してあり、さらにグレードの高いものであることがわかる。当時の箱館奉行所の役人たちが、フォークとナイフを使った洋式の食事作法を練習していたという話もある。艦長の榎本がこれを使って食事をしていた可能性も十分あるだろう。なぜか、彼なら箸ではなく、フォークで食事をしていても不思議でない。いずれ

図6-3　開陽丸から引き上げられたフォーク．江差町教育委員会蔵，写真：著者

にしろ、幕府の軍艦から、洋銀製のフォークが現れたことは驚きである。

現在、江差の港には、青少年研修施設「開陽丸」として、在りし日の開陽丸を模した船型の建物が建設され、その威容を誇っている。その内部が展示室として公開され、保存処理された遺物の主立ったものが展示されている。鉄製遺物の保存処理の説明として、わかりやすいように処理工程の各段階における砲弾が展示されている。そして、その横に、保存処理の行われなかった砲弾が一つ、朽ちるに任せて並べられている。処理されたものと処理されなかったものとの差はとにかく歴然としている。

歴史の証人としての遺物を守り、次世代に受け継いでいくためには、たいへんな努力を伴うものなのである。

第七章　近代化による新たな取り組み

——再生期の「金・銀・銅」——

一八世紀も後半になると、鎖国下にもかかわらず、さまざまな外国船が日本の海域に出没し始めた。「金・銀・銅」に関しては、通貨の面からいうと、特に三貨の価値評価がめまぐるしく変わり、非常にわかりにくい体制が長く続くことになる。そんな状況の中、いよいよ日本は鎖国といって一人孤高を保っているわけにはいかない事態が迫ってくる。まさに「内憂外患」の時代にさしかかった。

一八五三年、ペリー率いる米国艦隊の到来、いわゆる黒船来航は大きなエポックとなった。私が生まれたちょうど一〇〇年前、今から約一五〇年前のことである。そう思うと、ついこの間の話なのである。

再生期—西洋技術の導入

これを契機に幕府は、一八五四年には、下田、横浜、箱館を開港することになる。私は、このペリー来航をもって、日本の「金・銀・銅」の再生期が始まるとする。

外国との通商が始まる中、「金・銀・銅」を取り巻く環境は、完全に混乱する。一八五八年、日米修好通商条約の締結が発端である。

日本通貨とドルの交換レートを、「金・銀ともに、同種類の同量で交換できる」ことを前提としたが、実は金銀比価、すなわち金と銀の交換割合は、日本の一対五に対して、海外では一対一五と大きく違っていた。そして、これに乗じて、海外に莫大な金が流出したという。

この事態を打開するべく、日本の鉱山開発も新たな局面を迎える。近代化に向けた胎動である。しかし、変革を迫られたのは、地下資源を求める「第一の技術」だけではない。それまで刀装具を中心に展開してきた「第二の技術」である金工技術も、一八六八年の明治維新による武家社会の崩壊により、取り巻く状況が一変した。社会的状況の大きな変化の下、日本の「金・銀・銅」に関わるすべてが、新たな再スタートを余儀なくされたわけである。まさに、「再生」のときを迎えたのである。これが、私のいう「第三次鉱山ブーム」である。「金・銀・銅」をめぐっての「第三次鉱山ブーム」は、本格的に新たに導入された西洋流の鉱山開発技術によって日本の鉱山が再生しようとする姿であり、その背景には新しい貨幣制度を整えようとする新生明治政府の意思が強く働いたのは間違いない。しかし、実際には簡単に変革が成功したわけではなく、たいへんな苦労を伴うものであった。

日本はこの時期を境に、急激な産業革命に身を投じ、近代化へと大きく舵を切る。そして、それによって、いつしか完全に忘れられることになった旧来の技術。これは、鉱山技術に限ったことではない。この変革がもたらしたものが持つ意味を改めて問い直すのが、現代の我々に課せられた課題の一つなのではなかろうか。

1　早すぎた「お雇い外国人」——外から見た明治維新直前の日本

「お雇い外国人」というと、明治維新後に明治政府などが雇った外国人として知られる。そして、あたかも日本の近代化のすべてを彼らが請け負ったかのように考えられている。確かに、お雇い外国人の存在は、日本の近代化には欠かせなかったことは事実である。

幕末期の鉱山調査

しかし、日本に招請された外国人は、明治維新以前の旧体制時代にも少数ながら存在し、彼らが早々に日本の近代化の先駆けとして足跡を残したことはあまり知られていない。

一八五三年にペリーが初来日してすぐに、幕府は一度閉鎖していた箱館奉行所を再開した。箱館が水薪補給港となるためである。また、蒸気機関を用いる新しい時代を担う燃料としての石炭にも対応する必要があり、炭鉱の開発も急務であった。この箱館奉行所は、地味ながら、日本の近代化、特に「金・銀・銅」をめぐる技術に先駆的な役割を果たすことになる。

アメリカの初代駐日公使タウンゼンド・ハリスを通じて派遣された、アメリカの地質学者、ラファエル・パンペリーが、同じく地質学者のウィリアム・ブレイクとともに来日したのは、一八六二年二月のことである。石炭をはじめとする鉱物資源の実地調査の依頼を受けたのである。直接の依頼者は、外国奉行兼箱館奉行の村垣淡路守範正と津田近江守正路。村垣は、一八五八年に調印した日米修好通商条約の批准のため派遣された万延元年遣米使節の副使として渡米、前年に帰国したばかりであった。しかし、パンペリーらは横浜に着いたものの、外国人受け入れの体制がまったく未整備のこともあり、実際に箱館に着くまでに三ヶ月近くも要した。雇用契約が一年であり、実際に日本を離れる一八六三年四月までの実に短期間の任務となった。

弱冠二四歳で来日したパンペリーは、ドイツのフライベルク王立鉱山学校を卒業後、アメリカへ帰ってアリゾナ南部のサンタ・リタ鉱山の調査で注目を浴び、その実績を買われて日本に来た。一八六三年日本を離れた後は、中国に渡り奥地の地質調査も行い、さらにシベリア経由で帰国する。一八六六年には、ハーバード大学教授となり、ミシガンなどのフィールドワークを続けた。中国の黄土の研究でも有名であり、彼に由来したパンペリー石にも名を残す。後に、アメリカ地質学協会会長も歴任する。

パンペリーとその影響

箱館におけるパンペリーらの活躍は、目覚しかった。彼らは、実地調査も行ったが、鉱山、採鉱、冶金、自然科学の教育にも力を入れた。彼らが、学生として指導し、行動をともにした五人の日本側の役人の中に、大島惣左衛門高任《たかとう》や武田斐《あや》三郎《さぶろう》がいた。大島高任は、岩手県南部藩の出身、早くから長崎にて洋学を学び、一八五七年釜石に日本で最初に鉄鉱製錬用の洋式高炉を建設した。のちに明治政府の官営鉱山になる小阪鉱山などで、彼は洋式技術の普及に取り組んだ。工部省佐渡鉱山局長にも任じられ、近代化日本における採鉱冶金学の草分け的存在である。日本鉱業会の初代会長も務めた。愛媛県伊予大洲藩出身の武田は、すでに一八五六年に箱館に開設された洋学の学校、諸術調所の教授を務め、熔鉱炉の設計に挑戦、その後建築設計にも才を見せた。箱館五稜郭の設計は彼の手になる。

パンペリー率いる一行は、実地調査で奥地に分け入り、遊楽部(ユーラップ)鉛鉱山において、火薬を使った採鉱、いわゆる発破を試みている。これが、日本の鉱山において、採鉱のために火薬を用いた初めての事例となった。一八六二年八月のことである。パンペリー自身も、日本ではずっと昔から火薬を使ってきたのに、鉱山への応用がなかったことを不思議がっているが、それまで鑿《のみ》によって人力で岩盤を掘り進めるしか知恵がなかったのも事実である。その後、この新技術を学ぶために各地から役人がユーラップに派遣されたと、彼は記している。

一六世紀に大きく躍進した日本の鉱山技術は、一七世紀末にはすでに停滞が始まった。パンペリーは、その理由を的確に捉えていた。採鉱に伴って湧出する地下水の処理が不備である点である。金、銀、銅、鉛などの有用金属が極めて豊かな日本で、無数の鉱脈を見つけ、非常に効率よく採鉱しているのに、地下水のために最も産出量が望まれるところで多くの鉱脈が遺棄されてきた現状がある。これを打破するべく改善策を提案したが、実際には蝦夷地のユーラップ鉱山しか見ていないため、不完全なものであることを彼自身もわかっていた。

パンペリーたちは、本州の鉱山地帯も訪れる希望を持っていたが、時まさに攘夷が叫ばれる真っ只中である。国の資源を探る外国のスパイではないかと、攘夷論者がパンペリーたちを材料に幕府を攻撃し、弱腰になった幕府は契約を終了せざるをえなかった。早すぎた「お雇い外国人」の滞在は一年足らずであった。しかし、実質数ヶ月の間にパンペリーらが残したことは、大島らによって着実に受け継がれた。

お雇い外国人は、日本の側から招聘される外国人である。しかし、中には、自ら進んでこの動乱の時期にわざわざ訪日する物好きな人たちも結構いたようである。

シュリーマン、日本へ

ここでは、そんな物好きな外国人の一人を紹介しておこう。ドイツ人のハインリッヒ・シュリーマンである。トロイの発掘をしたことで有名なあのシュリーマンである。実業家として一大資産を築いた彼は、一八六四年、四二歳で商業活動から引退し、世界一周旅行を実施する。一八六四年四月、チュニジアのチュニスからカルタゴの遺跡をめぐり、そこからエジプトを経てインドへ、そしてアジアの各地を経て中国で二ヶ月滞在した後、日本に到着。そして、ハワイ経由でカリフォルニア、アメリカを経て、一八六六年にはパリに居住し、ソルボンヌ大学で考古学を学び、一八七〇年から、トロイの発掘に携わった。

シュリーマンが、中国を経て日本にやって来たのは、一八六五年六月三日。横浜に降り立ったときはまさに、幕末の動乱期である。六月一〇日に、京に上る将軍家茂の行列を見学するために東海道沿線まで出向いている。好奇心旺盛な彼は、危険を顧みず精力的に江戸まで出向いた。そして、日本を出航する七月四日までの一ヶ月間にわたって日記形式の貴重なドキュメンタリーを残している。明治維新以前の日本について外国人が語った記録も多いが、そのほとんどが公使や秘書官、民間人でも日本で商取引をしている貿易商などが記したものである。シュリーマンのようにまったくの一民間人が観光客として、日本に一ヶ月も滞在した記録は珍しい。

最高水準に達した手工業

もともと商人である彼は、当時の物価の様子など細かく観察を続けているが、私が最も興味を持つのは、江戸を去る前に書き上げた「日本文化論」として彼が述べている項目である。その中で、シュリーマンは、当時の日本の状況を驚くほど的確に表現している。彼は、日本人は世界で一番清潔好きである、というように日本人にはすこぶる好意的である。

日本文化は、物質文化という面だけに目を向ければ、蒸気機関を用いずに達成した最高の水準にある、と彼はいう。すなわち、蒸気機関を用いることを「近代化」の第一歩とすると、日本は、近代化以前の人類が達成した最高水準にある、ということをいっているわけである。これは、日本の近世における「モノづくり」の技術は、人類が持ちえた手工業的な技術としての最高レベルにまで到達していた、という私の論点と同質である。動乱の幕末期の日本の状況を垣間見ただけで、日本の技術の特性をしっかりと見抜いて帰ったシュリーマンの洞察力はさすがである。

しかし、このような印象を持ったのは、シュリーマンだけではない。当時の日本を訪れた外国人は、大なり小なり同様の感想を持っているといってよい。そのことに気づいていないのは、日本人だけなのかもしれない。それは、当時の日本人はもちろんのこと、現代の日本人にも当てはまることではなかろうか。

2 「西洋技術」で何が変わったのか

鉱山の「お雇い外国人」

明治維新を経て、新しく誕生した明治政府は工部省を設置し、佐渡、生野、小阪、島根、大葛《おおくず》、阿仁《あに》、院内の七鉱山を官営化したが、鉱山のすべてが旧体制下で疲弊しており、新しい国を支えるだけの生産量を見込める状態ではなかった。また、日本の主要な鉱山はすでに知り尽くされているといっても過言でなく、新しい鉱山の発見の期待はほとんどなかった。すなわち、新しい技術を導入して、これまでの鉱山を全面的に建て直すことが急務であった。西洋技術の導入が不可欠であり、そのための即戦力となる「お雇い外国人」が必要であった。この事情は、鉱山だけではない。当時の日本で殖産興業を必要とするあらゆる分野において、多くの外国人が投入されたのである。

鉱山関係の最初の「お雇い外国人」となったのは、フランス人の鉱山技師、フランシスコ・コワニエである。彼がこの任に就いたのは、一八六八年一〇月二三日に明治に改元された直後である。こんなに迅速にフランスから彼を招聘できたことを不思議に思うかもしれないが、前年の一八六七年に旧薩摩藩の求めに応じてすでに来日していたコワニエに、新政府が白羽の矢を立てたにすぎない。彼は、すでに一年間薩摩中心に九州の鉱山を視察しており、日本の鉱山事情を理解していたから、即戦力となったわけである。

コワニエは、一八五五年フランスのサンテティエンヌ鉱山学校を卒業後、スペインなどを経て、アメリカ・カリフォルニアの金鉱山に至り、三二歳で来日した。

彼が任されたのが、兵庫県の生野銀山である。生野銀山の歴史も古い。一六世紀中頃には、すでに銀山として栄え、織田信長、さらには豊臣秀吉が管轄した時期もあった。一七世紀に入ってからは、徳川幕府直轄の天領となった。

官民の鉱山建て直し策

徳川幕府最大の直轄鉱山で徳川幕府を支え続けた佐渡金銀山も同様に建て直しが必要であった。佐渡金銀山の再建に最初に関わったのが、イギリス人、エラスムス・ガワールであった。明治政府のお雇い外国人となるのは、一八六九年五月であるが、彼はもともと旧幕府に雇われていた鉱山技師である。ガワールは、箱館の領事勤めであったが、北海道岩内《いわない》炭鉱で石炭の採掘に成功し、その実績をもとに佐渡に派遣された。佐渡に渡ったのが、一八六八年一月二五日。一月二七日には、鳥羽・伏見の戦いによって戊辰戦争の火蓋が切られたのだから、この緊迫した状況でも幕府は窮状打開のために、鉱山の再開発を目論んでいたことがわかる。

しかし、幕府の崩壊に伴い、彼も三ヶ月弱の滞在で佐渡を離れざるをえなかった。短期間の滞在ながら、彼は佐渡の行き詰まった現状を改良すべき提案を行っていた。明治政府は、それを利用するべく、コワニエに続いて一八六九年に彼を正式に雇用したわけである。

鉱山の技術革新の問題を抱えていたのは、明治政府直轄の官営鉱山ばかりではない。民営でも同様であった。その中で、いち早く西洋流の技術を取り入れようとしたのが、愛媛県の別子銅山である。別子は、一七世紀に本格的に開発され、大坂長堀の住友銅吹所で長崎から輸出された銅を精錬した住友が経営を任されていた銅山である。時の支配人、広瀬宰平は、かつて工部省の役人として、生野鉱山で仕事ぶりを実見したコワニエの別子銅山視察を一八七三年に実現し、一八七四年には、フランス人の鉱山技師、ルイ・ラロックを雇用した。

一八三六年生まれ、パリ鉱山学校出身のラロックは、別子銅山再建に対して、実に的確な提言をし、彼自身は自らの手でその改革を行うことを希望した。しかし、広瀬はラロックと最初に交わした二二ヶ月の契約に従い、再雇用をしなかった。外国人の給料が高いのが、理由の一つである。ここが、お雇い外国人を長年、高給で厚遇した官営鉱山との大きな違いである。無駄な経費を徹底して抑える企業家としての広瀬の卓見であろう。その後、広瀬は、ラロックの提言を基本に改革を進めるとともに、日本人技術者の育成をめざした。

新たな技術の導入

さて、お雇い外国人たちが提案した新たな技術は、火薬の使用、立（竪）坑とこれに連結する支坑道の設置、そしてそれに伴う機械動力の導入である。鉱石採掘の効率化、さらには将来的な経費削減には機械化が必須であり、この三点は不可欠であった。

火薬の使用は、一八六二年に来日したパンペリーらによってすでに紹介されたことは先に触れたが、黒色火薬から、一八六六年にノーベルによって発明されたダイナマイトへの転換が図られるのもちょうどこの時期である。

立坑を掘り、巻き揚げ機を設置する。そして、水平坑道で繋げて、台車を用いれば、多量の鉱石を効率よく運び出せる。また、水抜き坑を掘り、深い坑道にポンプを設置すれば、集中的に水を排出することができるようになる。これにより、これまで涌水のために採掘を放棄していた坑道をより深いところまで掘り進むことが可能になる。

立坑の導入は、鉱脈を手掘りで追いかける方法に対して、鉱石の掘り出しも容易になり、何といっても涌水の処理に対しても有効になる。従来の方法で最も問題であったのが、採鉱の際の水処理であったからである。

製錬方法についても、家内工業的な従来の小さな炉から、熔鉱炉への転換が提案された。それに伴う燃料の問題も生じた。木炭より火力の強い石炭・コークスへの変換も必要となった。

このように、かつては鉱石の運搬から涌水の処理に至るまで、すべて人力で対応してきたが、まず蒸気機関による動力、そしてやがて電力へと移行していくのである。

これらすべては、必要とする金属をいかに効率よく大量に産出するか、つまり生産性を上げるための技術革新への提言であった。もちろん、これらの提言のすべてがすぐに導入され、稼動したわけではない。設備投資には莫大な資本投入が必要であった。

実際には、造幣寮開業から一八八五年までの貨幣発行額のうち、官営鉱山産出分は金貨が四%、銀貨が七%、金銀貨合わせて五%程度だったようである。しかし、一八八五年の工部省廃止に伴い、ほとんどの官営鉱山が民間に払い下げられた後も、三池炭鉱とともに、佐渡と生野だけは最終的には大蔵省管轄として残される。海外からの金銀の調達の一方、官営鉱山としての役割も依然として期待されたようである。銅山も、例えば別子でも、本格的に銅の産出量が増えるのは、一八九〇年代に近くなってからである。

短期間の近代化をもたらしたもの

鉱山は、地球から金属を得る場所であり、基本的に地殻の一部を破壊する行為である。すなわち、少なからず自然破壊が伴うことが必然なのである。技術革新によって、大量の金、銀、銅を得るようになれば、膨大な量の岩石が掘削され、捨てられることになる。現代の鉱山技術では、金一キログラムを掘り出すために、一三六〇トンの岩石が廃棄物となるといわれる。この大量の廃棄物とともに、目的とする金属が硫化物などの化合物として存在する場合には、イオウの除去のための大気汚染と鉱滓からの鉱毒汚染も伴うことになる。西洋技術の導入による近代化への道は、一方ではこのような負の産物の産出量を増やす道でもあったわけである。

近代化を提案する一方で、お雇い外国人たちは日本で従来から行われていた方法に対しても、一定の評価を持って観察していたことは興味深い。例えば、ラロックは、住友に提出した「別子鉱山目論見書」の中、日本の測量技術の正確さに驚くとともに、旧来の排水ポンプである「箱樋」についても、その効率の悪さゆえいずれ消えゆくものとしながらも、詳しく述べている。

造幣局のお雇い外国人、ガウランドも、旧来の日本の生産方法を原始的、土俗的としながらも、大げさな設備を使わずに自分たちの身近にある材料を工夫するだけで、高度なものを作り上げてしまうことに感心している。

しかし、旧来の方法は、たとえ生産効率は悪くとも、鉱山開発そのものが宿命的に担っている環境への負荷を最小限にとどめる意味では最良の方法であったという点には誰も気づかなかったのである。明治維新を境にした西洋技術の導入によって、日本が短期間に近代化を成し遂げえた背景には、日本においてそれまでに営々と築き上げられてきた人力で行う手工業的な生産システムが高度に発達していたことが礎になったことを忘れてはいけない。

3　近代化の礎を支えた江戸の金工技術――造幣寮から万国博覧会へ

機械化される貨幣製造

幕末の混乱した貨幣事情を収拾し、新しい貨幣を発行することが、近代国家のスタートにあたっての新政府の急務の一つであった。第一の技術としての鉱山技術の再生を推進する背景には、新たな貨幣製造の原材料としての「金・銀・銅」の確保という一面もあった。しかし、実際には、急に産出量が増えるわけでもなく、当初は新貨の材料はもっぱら旧金銀貨が中心であったという。また、金銀貨の海外への流出もすぐには止まっていない。

こんな状況下ではあるが、明治政府は、新たな貨幣製造機関を一八六八年末に開設、一八七一年には造幣寮として開局、一八七七年に造幣局とする。現在は、独立行政法人造幣局としてその伝統は受け継がれている。場所は、大阪市北区天満、淀川河畔にイギリス人建築技師トーマス・ウォートルスの設計になるレンガ造りの工場が新しく建造され、文明開化の象徴的存在としてよく錦絵にも描かれた。旧藤堂藩蔵屋敷の桜を受け継いだといわれる園内の桜の並木は特に見事で、今も「桜の通り抜け」として大阪市民に親しまれている。

一八七一年五月に制定された新貨条例で、新たに円・銭・厘の単位が定まり、本格的な新貨の製造が始まった。機械設備として、香港にあった英国造幣局のイギリス製の中古の装置がイギリス人貿易商トーマス・グラバーの仲介で購入され、新貨の製造は、それまでの手作業から機械化への転換を図るというまさに近代化の象徴的存在となった。それまでの日本の銭貨は、手延べで作る金大判、小判は別として、古代から鋳造で作る慣わしであった。これは、日本だけではなく東アジアにおける伝統的な銭作りの方法である。しかし、造幣局に取り入れた機械は、蒸気圧を動力源とし、延した板金を最終的に貨幣の文様を彫った極印で一度にプレスする装置であった。設置した装置類は、その他、金属の鋳造、硫酸の製造など、多岐にわたる本格的な工場である。

日本人にとってはこのような装置の扱いは初めてであったため、当初はお雇い外国人の指導が必要であった。元香港造幣局長のトーマス・キンドルをトップに迎え、豊富な人材が揃った。中でも、一八七二年から一八八八年までの一六年間もの長期間、化学兼冶金師試験分析方として勤めたウィリアム・ガウランドは、さまざまな点で日本に貢献した人である。もちろん、彼の専門である冶金学では、造幣局に大きな足跡を残した。そして、金属学の専門的知識を活かし、青銅器など古代の金属器の分析などに精力的に取り組んだ。また、奈良平城宮の北方に位置するコナベ古墳の実測など、畿内の古墳の調査を行い、日本の考古学の先駆的な仕事を残したことで有名である。さらに、登山を愛し、日本アルプスの命名者としても名を残している。英国へ帰国後は、王立鉱山学校の校長などの要職に就きながら、日本文化の紹介にも貢献した。

加納夏雄と金工家たち

造幣局を取り巻くこのようなお雇い外国人を、うならせる日本人が登場する。加《か》納夏雄《のうなつお》である。一八二八年生まれの加納夏雄は、一九歳の時京都で金工家として独り立ちし、後に江戸にて刀装具を主とする細工所を営む。四一歳にして明治の世を迎え、翌一八六九年には宮内省から御太刀金具の発注を受ける。同じ年、貨幣の原型となる極印の制作の試作を依頼されて出仕した。精緻にして端整を極めた夏雄の仕事は、イギリス人たちを驚かせた。すべてをお雇い外国人によって進めようとする彼らが、日本の伝統的な手の技に一目置かざるをえなかったのである。

図 7-1　加納夏雄作の貨幣極印原型．造幣博物館蔵

その後、何度か極印を制作するとともに、頼まれて造幣寮の高官たちの刀装具も制作したという。廃刀令をめざす新政府の下、ほとんどの金工家たちが職を失う中、夏雄はその技量を見込まれて新しい発展の契機をつかんだわけである。

造幣寮の仕事を辞して、一八七七年に再び東京に戻った夏雄は、夏雄細工所において多くの弟子を育てながら刀装具以外の作品を生み出す。時まさに殖産興業の大号令、一八七三年のウィーン万博の成功後、名工と契約し最高級の工芸作品を扱う半官半民の貿易商社、「起立工商《きりゅうこうしょう》会社」が設立され、夏雄も多くの作品を送り出すとともに、頻繁に開催された内外の博覧会で数々の受賞を繰り返した。何人もの従業員を抱えた彼の細工所は、手工業的マニュファクチャそのものであり、彼は工場主のような存在と見てよかろう。一八九〇年、夏雄は新設なった東京美術学校(現・東京藝術大学)の教授に任ぜられると同時に、帝室技芸員になった。

夏雄を追って、同じように金工家として、東京美術学校教授と帝室技芸員となるのが海野勝《うんのしょう》珉《みん》である。先に口絵で紹介した、白四分一の白馬と赤銅の黒馬を配した煙草入れの作者である。一八四四年生まれの勝珉は、水戸派の流れを汲み、夏雄にも師事した。夏雄の研ぎ澄まされた静謐な彫技とは趣を異にしており、多彩な色金を駆使し、立体物を作り上げる大胆かつ華麗な技は、まさに超絶技巧と呼ぶにふさわしい。

起立工商会社勤務から、パリで美術商を営むようになった林忠正の名は、浮世絵や工芸品を積極的に海外に紹介したディーラーとして、そしてジャポニズムの仕掛け人としてつとに有名であるが、銅鋳物の盛んな富山県高岡市の出身ということもあり、彼は金工の普及と改良にも力を注いだ。

その集大成が、一八九三年のシカゴ万博に出展した鈴木長吉制作になる「十二の鷹」である。シカゴ万博の事務局評議員を務めた林が立案し、鋳金の名匠鈴木が実現した作品は、一二の異なったポーズをとるブロンズ製の鷹が、金、銀、青金、赤銅、白四分一や黒四分一、銅など、

図 7-2　鈴木長吉作「十二の鷹」より(左：銀研磨仕上げ，右：金)．東京国立近代美術館蔵

江戸時代を通じて育まれた色金の象嵌で飾られて仕上げられている。起立工商会社の鋳造部の監督を務め、世界の万博で数々の賞の栄冠に輝いてきた鈴木が、実際に鷹を飼い、デッサンを重ねて集約した五〇センチにもなる等身大の精悍な鷹の表情と、一体ずつ変化を持たせて演出する色金の醸し出す誘色の融合は、博覧会でも高く評価された。

刀装具という小さな世界で培われて、江戸時代に極限にまで到達した日本金工の手の技が、明治時代に芽生えた国際性の息吹を得て立体的・写実的な鷹として具現化した姿は、日本の「金・銀・銅」の到達点といえるであろう。

ここまで見てくると、明治初期の日本の殖産興業の姿がはっきりと浮き上がってくる。当初は、海外に日本をアピールする材料として、それまでに培われた伝統的な工芸技術が、前面に持ち出されていた。これは、例えば、ウィーン万博の顧問を務めたワグネルが唱えた路線である。それまで門戸を閉ざしていた日本が、その存在を世界にアピールする意味では、この路線は一応成功し、日本の美術品や工芸品は絶賛を浴びるとともに、アールヌーボーなどの思潮にも大きな影響を与えた。一時期ではあるが、近代化の礎を伝統的技術が支えたとでもいおうか。

殖産興業と伝統工芸

しかし、その裏で、日本は欧米から工業的な「モノづくり」の方法である、大量生産と規格生産をしたたかに学んでいた。そして、お雇い外国人がほとんど帰国してしまう一八九〇年代には、彼らの薫陶を受け、そして海外で学んだ日本の若い技術者たちが、一線で活躍することになる。富国強兵の旗印の下に、近代的な「モノづくり」に邁進する彼らには、日本の旧態の手工業的手法で生み出される一品主義の美術工芸品は、まったく眼中にも入らないし、振り返る余裕もなかったのだろう。また、工芸的な作品を生み出す側も、一時期とはいえ海外でもてはやされたことで危機感を失い、新しい工業的な動きと与《くみ》して努力し、より新しい展開を試みようとする機運も育たなかった。やがてこの乖離は決定的となって、現代に至るまでその余波は及んでいる。

4　海を渡った金の鯱——万国博覧会と「金・銀・銅」

万博に出品される金鯱

明治になって、日本政府が正式に参加した一八七三年のウィーン万国博覧会は、新政府の最初の海外事業の実践の場であり、政府の万国博覧会にかける意気込みはたいへん大きかった。万国博覧会が初めて開催されたのは、ロンドンにて一八五一年のことである。ペリー率いる黒船が来航する二年前にあたる。このペリー来航の年には、ちょうどニューヨークで第二回万博が開催された。一八世紀に産業革命が起こり、近代国家の歩みにおいて、イギリスは世界を一歩先駆けていた。万国博覧会は、その成果の発信の場でもあった。幕府は、この二回の万国博覧会開催の情報をオランダ経由で入手していたようである。

日本の製品が、万国博覧会に初めて陳列されたのは、ロンドンでの二回目の開催となった一八六二年の会場である。イギリスの駐日公使のオールコックが日本で収集した工芸品が主に並べられたという。漆器類、刀剣や甲冑などの金属製品、陶磁器が中心であった。オールコック自身も、このとき、日本の工芸品の優秀さを賞賛しているが、その後一八六七年のパリ万博には、幕府とともに薩摩藩、佐賀藩も参加、大量の陶磁器、浮世絵などを持ち込んだ。これによって、すでに萌芽していたジャポニズムが本格的に花開く結果となった。しかし、このパリ万博は、幕府にとっての最後の博覧会になった。パリ万博閉会の直後、日本の体制を大きく揺るがす大政奉還が行われたのである。

ウィーン万博に臨んで、博覧会事務局の総裁を大隈重信、副総裁を佐野常民が務めることになった。佐賀藩出身の佐野は、ロンドン博に参加した経験を持ち、のちに日本赤十字社の創設者として知られるが、日本の博物館活動にも大きな役割を果たす。そして、顧問として迎えられたのが、お雇い外国人の科学者ゴットフリード・ワグネルである。ワグネルは、ドイツのゲッチンゲン大学を卒業後、一八六八年に来日、有田焼の技術指導などを経て、一八七一年東京大学の前身である大学南校、ついで大学東校で物理と化学の教鞭をとっていた。日本の近代産業黎明期に寄与した人物である。ロンドン万博へ出向いた経験もあるワグネルは、ウィーン万博への出展に対して、日本の美術工芸品に絞った展示計画を進言した。遠い日本へのエキゾティシズムを煽るための演出とはいえ、実際にこの作戦は大好評を博した。

鎌倉の大仏の原寸大の模型をはじめ、さまざまなものが大量に展示されたというが、中でも名古屋城の金の鯱《しゃち》が、わざわざウィーンにまで運ばれたことは驚きである。金の鯱は、前年の一八七二年に東京の湯島聖堂にて催された日本初の勧業博覧会にも並べられ、たいへん好評を博したという。これは、ウィーン万博の予行演習とでもいうべき博覧会であり、のちに日本の博物館設立の先駆けとなる事業であった。

しかし、そもそもどうして名古屋城天守閣を飾る金の鯱が地上に降りていたのだろうか。

変容しながら戦国から明治へ

城の大棟を飾る金の鯱は、本来、城の最も高いところで城を守る役目と権力の象徴を誇示する役目を担っているはずである。戦国の世、「第二次鉱山ブーム」に支えられ、織田信長は安土城、豊臣秀吉は大坂城や伏見城、徳川家康は江戸城と駿府城の天守閣にもそれぞれ金の鯱を飾ったという。しかし、火災や破壊にあい、江戸中期には、名古屋城だけが金の鯱を持つ城になった。

名古屋城天守閣が加藤清正の指揮によって着手され、完成したのは、一六一五年である。二・五メートルを超える金の鯱は、北に少し大振りの雄、南に雌、の雌雄一対。芯は寄木造り、その上に鉛板を張り、さらに銅板で作った鱗に金の板を張って仕上げる。表面に張られた金の板は、一九四〇枚の慶長大判を延ばしたもので、総重量三二〇キログラムにもなったという。

当初、威容を誇ったこの金の鯱も、尾張藩の財政難に伴い、一七三〇年、一八二七年、そして一八四六年と三度にわたる金の改鋳の憂き目にあっている。まるで、幕府の小判改鋳と同じように、あるいはそれを真似したかのように、当初の良質な慶長大判の材質からどんどん質が落ち、厚さも薄くなった。江戸の末期には、質の落ちた金の鯱を城下の人目に曝すのを避けるために、鳥害から守るという口実で金網を被せたという。

そして、明治維新を迎える。一八六九年の版籍奉還、一八七一年の廃藩置県を経て、尾張藩は名古屋県、さらには愛知県と改まる。一八七〇年には名古屋城は軍施設への転換が決まり、城郭の取り壊しが決定、金の鯱は新政府の宮内省へ献納されることになり、海路東京に運ばれたというわけである。このような状況は、名古屋城だけではない。その当時、各地の名城が、旧物破壊、体制一新の大号令のもと一斉に取り壊された。日本人の変わり身の早さを象徴する出来事の一つである。

強運の鯱、ついに焼亡

しかし、幸いにも名古屋城天守閣は、取り壊しを免れた。名古屋城を見学し、城内の障壁画に感銘を受けたドイツ公使のマックス・フォン・ブラントの強い働きかけも功を奏し、天守閣の解体は中止された。そして、命拾いした金の鯱に、万国博という白羽の矢が立った。金の鯱は、博覧会という新たな生命を得、見事に生き長らえることになった。

海路、ウィーンまで渡ったのは、雌の鯱である。一方の雄は、石川県をはじめ、日本各地で開催された内国博覧会に出品され、絶賛を浴びた。名古屋城の鯱は、なかなか強運の持ち主であった。ウィーン万博を無事に終え、翌年日本へ帰る船便は、悪天候のため日本を目前にして伊豆沖で沈没する。しかし、強運の鯱は、重すぎたため寄港地の香港で別便に偶然積み替えられていたため、難を逃れた。遅れて帰ってきた雌の鯱が、日本で待っていた雄の鯱とともに、めでたく名古屋城天守閣の大棟を再び飾るのは、一八七九年二月一三日のことである。これは、名古屋市民有志が宮内省に返還を申し入れたことによって実現した。

その後、金の鯱は、金の盗難に遭遇するなど、話題を振りまきながらも雄姿を見せていた。この強運の金の鯱の命運が尽きるときが来るとは、誰しも想像だにしなかっただろう。

しかし、一九四五年五月一四日、太平洋戦争における米軍の空襲で、名古屋市は焼け野原となり、名古屋城天守閣とともに金の鯱も灰燼に帰した。無惨な金塊と化して焼け跡から拾われた金の鯱の残片は、米軍に接収されたのち大蔵省で保管されていたが、一九六七年名古屋市に返還された。この金塊は、現在では名古屋市の金の鯱を模した市旗冠頭と、胴に「丸に八の字（名古屋市のマーク）」を入れた金茶釜に変身し、市民とともに生きている。

四〇〇年を見続けて

現在の名古屋城天守閣は、市民の熱い要望のもと一九五九年に再建された。そして、市民が最も再建を望んだ金の鯱は、大阪の造幣局において完成され、新たな天守閣の大棟を飾っている。新しい金の鯱は、青銅製の本体に厚さ〇・一五ミリの18Kの薄板を張って仕上げている。金の総重量は、八八キロだそうだ。美しく輝く新生金の鯱には、金網の覆いは不要である。

新たに再建された鯱も、地上に降りた経験を持つ。一度目は、一九八四年の名古屋城博のとき、二度目は、二〇〇五年の日本国際博覧会「愛・地球博」と同時開催となった「新世紀・名古屋城博」である。博覧会には、金の鯱がよく似合う、ということか。

一七世紀生まれの名古屋城の金の鯱は、単に天守閣の大棟を飾ってきたわけではない。近世から近代を経て現代へと変貌してきた日本の約四〇〇年をつぶさに見てきた生き証人である。時の流れに翻弄されながら、自らの身を熔かし、身を削り、身を焼いて生きてきた姿には、日本の歴史を物証で語る重みがある。日本の「金・銀・銅」について記してきた本書の締めくくりとして、私が是非とも金の鯱に登場願いたかったゆえんはそこにある。

おわりに――「金・銀・銅」を未来へ活かすために

日本の「金・銀・銅」について、歴史的にめぐってきた。

「金・銀・銅」、特に金や銀は、特別な人たちが関わるもので、我々の日常の生活にはほとんど関わりがないと思うかもしれない。しかし、我々は意識していないのだが、実は現代人の一人ひとりが、歴史上、最も「金・銀・銅」に囲まれた生活をしているのは事実なのである。二〇〇三年の統計で見ると、我が国の金の消費は、二七二・五トン、そのほぼ半分、四七・九%にあたる一三〇・五トンが、電気通信機・機械部品に使われている。これは、いわゆる富裕層に特定される私的保有用七五トン、宝飾用二九・八トン、さらには歯科医療用一四トンを合わせた一一八・八トン、四三・六%よりも多くなる。

銀を見ると、二七〇八トンの内、ディジタル・カメラの普及で急減したとはいえ、ほぼ五〇%にあたる一三二九トンが写真感光用として消費されている。銅に至っては、内需一一六万トンの約六二%にあたる七一万四〇〇〇トンが電線に使われている。

かつては、特別な金持ちや権力者たちだけが保有した「金・銀・銅」が、現代科学の進歩、特にエレクトロニクスの普及により、庶民にも解放された姿なのかもしれない。もっとわかりやすい事例を挙げると、ノート型パソコン一トンあたり、金九二グラム、銀一八三グラム、銅三六キログラムも含まれるといわれる。実際の金鉱山でも、一トンあたり、三〇グラムで採算がとれるというから、パソコンの普及率の高さを考えると、まさに日本の都市の人口集中部に沿って、金、銀、銅の大鉱脈、「都市鉱山」が新たに出現したというのは少々大げさだろうか。

驚くべき勢いで台数を伸ばしている携帯電話も、あの小さなボディーの中には微細な「金・銀・銅」の部品が詰まっている。約一トン(一万個)あたり、金が二八〇グラムも含まれるという。このように、「金・銀・銅」の持つ特性がエレクトロニクスの分野で発揮されたことが、我々と「金・銀・銅」の付き合い自体を根本的に変えてしまった。

では、その一方で、かつて盛況を極めた鉱山は、どうなっているのだろうか。そして、かつて「金・銀・銅」をめぐって展開された高度に磨き上げられた手の技はどうなってしまったのだろうか。

忘却されていく手の技術

一六～一七世紀を中心に活況を見た日本の金、銀、銅山は、近代化のテコ入れのお陰で、一九世紀に再び蘇ったものの、稼働中の鉱山の数はわずかで、現在ではそのほとんどは、休山、あるいは廃鉱となってしまった。現在、「金・銀・銅」を含む多くの鉱山資源は輸入に頼っているのが現状である。一九世紀まで、世界のトップレベルの技術水準を誇っていた金工技術も、今では後継者の不足に瀕している。

時代の趨勢とはいうものの、「金・銀・銅」をめぐる「第一の技術」、「第二の技術」ともに、遠い過去の産物として片付けられ、忘却されようとしているのが現状ではなかろうか。

このような現実を踏まえて、これからの日本の「金・銀・銅」について、私は、地球環境の保全と、地域の活性化という二つの観点から見てみたい。

情報機器と地球環境

現代の日本において、先に述べたように、IT革命の申し子のパソコンと携帯電話だけに潜んでいる「金・銀・銅」の量だけ見ても莫大である。人類がこれまでに掘り出した金が、オリンピックプールの三杯分程度だと聞いて、人はその希少性に驚くのだが、その一部が我々の身の回りでゴミになろうとしている事実に何と無関心なのだろうか。実際にパソコンの年間廃棄台数は膨大である。携帯電話に至っては、廃棄台数の回収率もまだまだ低いと聞く。次から次へと発売される新機種の陰で、古い携帯電話がゴミになると金が消えるのである。こんなもったいない話はない。こういうところから、ゴミ問題やリサイクルの意識を高めることができないだろうか。

情報電子機器の廃棄でもう一つ問題になることがある。それは、「金・銀・銅」などの有用な金属ばかりではなく、鉛やベリリウム、カドミウムなどの有害な金属も含むため、むやみに廃棄すると環境汚染の原因にもなりかねない、という点である。

廃坑となった鉱山がかつて有していた精錬技術を、このようなパソコンや携帯電話などの電子機器のリサイクルに応用する企業も登場している。便利になった我々の日常に溢れている情報機器に潜む「金・銀・銅」の存在を意識することが、ささやかながらでも地球環境保全への関心を持つ契機になってほしいものである。

日本は、一九世紀の中頃にもたらされた西洋の技術によって、確かに効率よく、大量にものを生産するシステムを作り上げることができるようになった。それまでの職人芸、すなわち個人の能力に頼る、非効率的な生産方式では、まったく太刀打ちができるものではなかった。しかし、近代化がもたらしたものは、効率のよい、モノに溢れた豊かな生活であったが、その代償として失くしたものも大きかった。その代表が豊かな自然なのだろう。

石見銀山の教えるもの

私は、一九九六年から石見銀山遺跡の総合調査に参加し、ユネスコの世界遺産登録に向けての推薦書作成にも関わってきた。鉱山の基本である「地球から金属を取り出す」ことは、実は地球環境保全の立場とは相反する行為である。地球環境を犠牲にして、人類は発展してきたといっても過言ではない。もちろん、石見銀山にもその痕跡は見出せる。

しかし、石見銀山遺跡に残されたその痕跡は、近代化以降に開発された他の鉱山遺跡とは少し趣を異にしている。確かに山肌を掘り出し、執拗に銀の鉱脈を追いかけた痕跡はいたるところに見受けられるが、その原動力はまったくの人力である。人力を超えたことを無理にしようとはしなかったし、現実にはできなかった。

燃料に目をやると、近代化以前は、すべて木炭が主流であった。石炭や重油を用いるようになるのは明治以後である。日本は、温帯モンスーン地帯に属しているため、植物の生育にはたいへん恵まれた土地である。この自然の恵みも大いに貢献している。燃料用の木炭のために切り出された森林は、植林によってまた再生することができた。

日本で初めて、一八六二年に火薬による発破を伝えたパンペリーは、火薬の使い方を早くから知っている日本人が、鉱石の採掘に応用しなかったことを不思議がった(第七章1参照)。私は、これは日本人が本能的に持つ、山や自然に対する畏敬の念が知らぬ間に作用していたのではないかと考える。発破によって山を壊し、山の形を変えてまで採掘するなど思いもつかなかったのではなかろうか。鉱山活動を、自然改変を最小限にとどめつつ、自然と共生した循環可能なシステムとして、無意識下に実現していたのが、近代化以前の姿を色濃く残す石見銀山遺跡の価値なのである。

しかし、その後の近代化によって、より効率的な方法を探求し、さまざまな工夫が始まる。それまで畏敬して、破壊することなど思いもよらなかった山々が、改めて資源が詰まった山として映るようになる。日本は古代から、この素直さを身上として、外来のさまざまな事物・習慣を受け入れ、旧来のものを惜しげもなく捨ててきた。確かに、一九世紀以降の近代化への邁進は、実に多くのものを捨てた。そして、捨てられたまま実際に消え失せてしまったものも少なくない。

そして、第二次世界大戦以降、二〇世紀の半ばから現在まで、日本はさらに多くのものを捨ててきた。しかし、最も困ったことには、かつて何を持っていたのかがしっかりと把握し検証されていないため、いったい何を捨てたのかが具体的にはっきりわからないのである。

石見銀山遺跡において、発掘調査によって明らかになった遺構には、近世日本の技術の産声がしっかりとパックされていた。綿密な発掘調査とそれに伴う科学調査によって、近代化の名の下に捨てられた技術の姿を具体的に検証することができた。石見銀山は、実に多くのことを私に教えてくれた。古代律令国家の形成を支えた工房跡、飛鳥池遺跡でも同様の感慨を得た。さらに、近代化以降の「モノづくり」の現場であるさまざまな遺跡、近世から続く別子銅山や佐渡金銀山などに残る、いわゆる近代化の遺産にも、この感慨は共通した。これらは、すべて我々の現代社会の礎を築きながら、時代の流れの中で捨てられたものなのである。

「モノづくり」からの発想

最近、考古学の発掘調査で、かつて実際に営まれた「モノづくり」の生産現場が改めて出現することが多くなってきた。土の中から現れた生産に関わった建物や、実際に生産に用いた道具類などの生々しい資料は、時の流れに「捨てられたモノ」、そのものである。

二〇〇四年から、山梨県湯之奥金山、大阪市住友銅吹所、愛媛県別子銅山、新潟県佐渡金銀山、島根県石見銀山において、五回のシリーズシンポ「生産遺跡から探る「モノづくり」の歴史」を企画・主催し、各遺跡の調査の成果を一般に公開するとともに、調査担当の方々の交流の場を設けてきた。これは、生産遺跡のある地域の方々に、その遺跡が持つ価値を認識していただくことと、地域間の交流を図ろうという意図もあった。文部科学省科学研究費特定領域研究(通称「江戸のモノづくり」)における計画研究「生活生産遺跡出土資料研究に基づく近世科学技術の比較研究の総合化」(研究代表：村上隆)の一環として行った事業である。

二〇〇六年からは、さらに発展させて、「金・銀・銅サミット」の実現に漕ぎつけた。第一回目は、大田市ロータリークラブの主催で島根県大田市にて開催、島根県澄田信義知事(当時)の基調講演に続き、佐渡金山の佐渡市髙野宏一郎市長、石見銀山の大田市竹腰創一市長、別子銅山の新居浜市佐々木龍市長とのパネルディスカッションを実施した。継続して、二〇〇七年五月には三市長に加え、基調講演に泉田裕彦新潟県知事を迎えて佐渡市にて行った。二〇〇八年は新居浜市で、三回目を行う予定である。この三市は、行政の取り組みとして、それぞれの産業遺跡を柱に据えた地域活性化を担当する部署を設けていることが特徴である。私は、行政的な側面だけではなく、市民の方々が連帯をとることにより、孤立化した産業遺産の連携を作っていきたいと考えている。将来的には、日本各地に残された鉱山遺跡を中心とする産業遺産に参加を呼びかけていくことも視野に入れている。

現代の日本では、かつてのように「金・銀・銅」が潤沢に産出することはないし、かつての名工が多数輩出するようなこともなかろう。その意味では、本書に盛り込んだ日本史そのものが、現代社会からすでに「捨てられたモノ」なのだろう。

しかし、過去に何を捨ててきたかを実証的に検証することなくして、未来の真の発展はないと信じたい。本書をまとめた意味はそこにあるのだろうと思うからである。

あとがき

私の研究の拠りどころは、材料科学である。先端的な開発に携わった時期もあったが、現在は主に、発掘資料や博物館資料など、いわゆる文化財を中心とする「歴史的な材料」を「材料科学」の最新の分析手法で解析することを専らとし、専門を、「歴史材料科学(archaeomaterials science)」と標榜している。これは、「何を使って、どうやって作られたか」を探ることにも繋がる「材料技術史」でもある。いわゆる「文系」の資料を、「理系」の手法で読み解く、文理融合型の分野である。

私が関わってきた資料は、系統的な計画に基づく場合はむしろ少なく、製作された時代や、用いられた材質なども、極めてランダムである。まるで、天空に撒かれた星のように点々とした研究は、下絵のないところに無造作にタイルを貼り付けてモザイク画を描いているようで取り留めがない。しかし、調査事例が増え、ランダムに見えた点々を、私なりに試行錯誤しながら結んでいく作業を繰り返していると、不連続でラフなデッサンではあるが、ぼんやりとした姿が見えてくるようになってきた。日本の古代から近代に至る材料の変遷であり、逆にいうと材料から見る歴史観とでもいおうか。

それは、史書や文書、絵巻などの文献資料だけからでは窺い知れない世界であろう。古来、モノ作る人々は、秘伝のレシピを細かく文字や記録に残さない。秘伝は、長い間、一子相伝、しかも口伝に限られた。「もの」言わぬ実資料だけに秘められた、モノ作る人々の「生々しい記録」を、蘇らせるのが私の役目であろうか。

中でも、「金・銀・銅」をめぐるデータの蓄積は豊富にある。その一部を紡いで編んだのが、本書である。

ただ、データだけの羅列では、日本の全体像にまでは迫れない。これを骨格にしつつ、科学史、技術史、さらには産業遺産の視点から肉付けしたのが本書である。「通史」にまで仕上げるのには、さすがに苦労した。最も苦労したのは、できるだけバランスよく、しかも整合性を保ちつつ、全体を見失わない姿にすることであった。バラバラの記録の集合でありながら、一貫したストーリを持った本を作りたかった。ここを、辛抱強く支えていただいたのが、新書編集部の早坂ノゾミさんである。本書執筆の機会を作っていただいたこととともに、読者の視線を踏まえた的確なアドヴァイスには、たいへん感謝している。この場を借りて、改めて御礼を申し上げる。また、かくも賑やかな資料とのご縁を作っていただいた諸兄、関係各位に、心よりの謝意を表する次第である。

本書が、近代化以前の日本の技術力を正当に評価するとともに、その中で日本の技術の本質を見抜く洞察力を養い、さらにこれからの日本の将来を考える上で少しでも役立つならば、筆者としては望外の喜びである。
　最後に、かつて「金・銀・銅」の生産に関わった施設や道具、さらにはその技術を、我々の歴史を語る貴重な文化遺産として、長く後世に伝えることの重要性を再認識していただければ幸いである。

二〇〇七年六月

村上　隆

〔追記〕本書の校了直前、二〇〇七年六月二八日に、石見銀山遺跡のユネスコ世界遺産登録決定の報を受けた。この一〇年以上調査・研究に関わってきた私としては、まさに感慨一入である。

参考文献

本書の執筆にあたって、参考にした著書・論文を掲載する。この他にも、多数の報告書やリーフレットなどを利用したことを、付記しておく。

第一章

村上　隆『金工技術（日本の美術443）』至文堂、二〇〇三
松井孝典『宇宙人としての生き方』岩波新書、二〇〇三
飯高一郎『改稿　金属と合金』岩波全書16、岩波書店、一九五七
井澤英二『よみがえる黄金のジパング』岩波科学ライブラリー5、岩波書店、一九九三
三菱マテリアルズ　ホームページ　http://www.mmc.co.jp/japanese/index.html

第二章

村上　隆『金工技術（日本の美術443）』至文堂、二〇〇三
村上　隆「金属工芸技術――驚くべきものづくりの技術と能力」アエラムック『古代史がわかる。』朝日新聞社、二〇〇二
村上　隆「古代の金・銀」沢田正昭編『科学が解き明かす古代の歴史――新世紀の考古科学』クバプ

ロ、二〇〇四
Ryu MURAKAMI, "Archaeological Gilded Metals Excavated in Japan", T. Drayman-Waisser, *Gilded Metals; History, Technology and Conservation*, Archetype, 2000
Jack Ogdon, *Ancient Jewellery*, British Museum Press, 1992
『出雲神庭荒神谷遺跡　発掘調査報告』島根県古代文化センター、一九九六
『京都金銀糸平箔史』京都金銀糸工業協同組合、一九八七

第三章

小林行雄『古代の技術』塙書房、一九六二
白石太一郎編『終末期古墳と古代国家』吉川弘文館、二〇〇五
千田稔・金子裕之編『飛鳥・藤原京の謎を掘る』文英堂、二〇〇〇
「飛鳥・藤原京展」特別展図録、奈良文化財研究所、朝日新聞社、二〇〇二
村上　隆「富本銭の材質を考える」『考古学ジャーナル454』ニュー・サイエンス社、二〇〇〇
成瀬正和『正倉院宝物の素材（日本の美術439）』至文堂、二〇〇二
全相運『韓国科学史――技術的伝統の再照明』（許東粲訳）、日本評論社、二〇〇五

第四章

村上　隆「材質と構造に関する歴史的変遷」毛利光俊彦編『古代東アジアの金属製容器Ⅱ（朝鮮・日

本編)』奈良文化財研究所史料71、二〇〇五
斉藤務・高橋照彦・西川裕一「古代銭貨に関する理化学的研究——「皇朝十二銭」の鉛同位体比分析および金属組成分析」日本銀行金融研究所ディスカッション・ペーパー、二〇〇二
村上　隆「草戸千軒町遺跡出土の鏡の材質について」他『草戸千軒町遺跡発掘調査報告Ⅱ・Ⅲ・Ⅴ』広島県教育委員会、一九九四・一九九五・一九九六
鈴木公雄『銭の考古学』歴史文化ライブラリー140、吉川弘文館、二〇〇二
加藤　寛『海を渡った日本漆器Ⅲ(日本の美術428)』至文堂、二〇〇二
鈴木規夫『漆工品の修理(日本の美術451)』至文堂、二〇〇三
北村昭斎「国宝倶利迦羅龍蒔絵経箱の復元模造について」『月刊文化財10』第一法規、一九九四
福士繁雄「金工・後藤家について」「後藤家十七代の刀装具」特別展図録、佐野・根津・徳川美術館、一九九四
渡辺妙子「祐乗と漆黒の赤銅」「後藤家十七代の刀装具」特別展図録、佐野・根津・徳川美術館、一九九四
村上　隆「世界に誇る日本の金工——江戸時代に華開いた色金の世界」文化財保存修復学会編『科学で探る先達の知恵』文化財の保存と修復6、クバプロ、二〇〇四

第五章

小葉田淳『貨幣と鉱山』思文閣出版、一九九九

『貨幣の歴史』アサヒ写真ブック3、朝日新聞社、一九五四
石見銀山資料館　ホームページ　http://fish.miracle.ne.jp/silver/info.htm
瀧澤武雄・西脇康編『貨幣』日本史小百科、東京堂出版、一九九九
『貨幣のもの知りになる本』造幣局泉友会、一九七七
『お金の豆知識』日本銀行金融研究所貨幣博物館リーフレット
湯次行孝「国友鉄砲の歴史」別冊淡海文庫5、サンライズ印刷出版部、一九九六
宇田川武久『鉄砲と石火矢（日本の美術390）』至文堂、一九九八
「歴史の中の鉄砲伝来」展図録、国立歴史民俗博物館、二〇〇六
『よみがえる金沢城1』石川県教育委員会、二〇〇六
『金沢城跡2　三ノ丸　第1次調査』石川県教育委員会、二〇〇六
服部英雄「原城の戦いと島原・天草の乱を考え直す」丸山雍成編『日本近世の地域社会論』文献出版、一九九八

第六章

竹内誠監修・市川寛明編『一目でわかる江戸時代』小学館、二〇〇四
大貫摩里「江戸時代の貨幣鋳造機関（金座、銀座、銭座）の組織と役割――金座を中心として」日本銀行金融研究所／金融研究、一九九九
馬場　章「小判は「銀貨」か？――近世貨幣史再考」国立歴史民俗博物館編『お金の不思議　貨幣

の歴史学』山川出版社、一九九八

Ryu MURAKAMI, "Japanese traditional alloys", S. la Niece and P. Craddock, *Metal Plating & Patination*, Butterworth-Heinemann, 1993

村上 隆「金工色変化 古代金工の彩りを求めて」神庭信幸・小林忠雄・村上隆・吉田憲司監修『色彩から歴史を読む』ダイヤモンド社、一九九九

村上 隆「住友家に伝世する棹銅の赤色表面について」『住友銅吹所跡発掘調査報告』大阪市文化財協会、一九九八

伊藤幸司「棹銅の復元」「よみがえる銅 南蛮吹きと住友銅吹所」展図録、大阪歴史博物館、二〇〇三

斉藤 務「小判を作ってみよう——鋳造技術の復元」国立歴史民俗博物館編『お金の不思議 貨幣の歴史学』山川出版社、一九九八

伊藤博之「色揚げ技術の理論と実際」『金山史研究5』甲斐黄金村・湯ノ奥金山博物館、二〇〇五

奈良本辰也「町人の実力」『日本の歴史17』中公文庫、一九七四

村上 隆「興福寺南円堂鎮壇具の材質について」『興福寺南円堂修理報告書』奈良県教育委員会、一九九六

『開陽丸 海底遺跡の発掘調査報告1・2』江差町教育委員会、一九八二・一九九〇

第七章

シュリーマン『日本中国旅行記』（藤川徹訳）、新異国叢書2-6、雄松堂書店、一九八二
パンペリー『日本踏査紀行』（伊藤尚武訳）、新異国叢書2-6、雄松堂書店、一九八二
地徳　力『蝦夷地質学』地学団体研究会北海道支部ホームページ
http://agch.cside.ne.jp/yezogeolog/index.html
吉田光邦『お雇い外国人　第2　産業』鹿島研究所出版会、一九六八
園田英弘「博覧会時代の背景」吉田光邦編『万国博覧会の研究』思文閣出版、一九八六
日野永一「万国博覧会と日本の「美術工芸」」吉田光邦編『万国博覧会の研究』思文閣出版、一九八六
吉田光邦『改訂版　万国博覧会――技術文明史的に』NHKブックス477、日本放送出版協会、一九八五
吉田光邦『日本技術史研究』学芸出版社、一九六一
高村直助「官営鉱山と貨幣原料」鈴木淳編『工部省とその時代』山川出版社、二〇〇二
小葉田淳監修『住友別子鉱山史』住友金属鉱山、一九九一
ルイ・ラロック『別子鉱山目論見書　第1部・第2部』住友史料館、二〇〇四・二〇〇五
末岡照啓「フランス人が見た別子銅山の技術――鉱山技師ラロックとコワニエの報告」村上隆編『生産遺跡から探る「モノづくり」の歴史』二〇〇六
長谷川栄「明治金工界における加納夏雄の位置と役割」『明治の彫金』特別展図録、たばこと塩の博

物館、一九八七
「工芸家たちの明治維新」特別展図録、大阪市立博物館、一九九二
原田一敏「評価される細密工芸」村田理如『幕末・明治の工芸』淡交社、二〇〇六
横溝廣子「「工芸の世紀」の意味」「工芸の世紀」展図録、東京藝術大学大学美術館、二〇〇三
「名古屋城金鯱物語」『名古屋城・岡崎城』よみがえる日本の城3、学習研究社、二〇〇四
奥出賢治「名古屋城復興物語」小和田哲男・三浦正幸監修『よみがえる名古屋城』学習研究社、二〇〇六
名古屋城公式ホームページ　http://www.nagoyajo.nak.nagoya.jp

おわりに

矢野恒太記念会編『日本国勢図会二〇〇五／二〇〇六』国勢社、二〇〇六
谷口正次『入門・資源危機』新評論、二〇〇五
高月　紘『ごみ問題とライフスタイル』日本評論社、二〇〇四
村上　隆編『生産遺跡から探る「モノづくり」の歴史』二〇〇六

村上　隆

1953年 京都生まれ．京都大学工学部卒業，同大学院工学研究科修士課程修了．東京藝術大学大学院美術研究科博士課程修了．学術博士
独立行政法人国立文化財機構 奈良文化財研究所上席研究員，京都国立博物館学芸部部長を歴任
現在―高岡市美術館館長，京都美術工芸大学特任教授，光産業創成大学院大学客員教授，奈良文化財研究所客員研究員，石見銀山資料館名誉館長ほか
専攻―歴史材料科学，ものつくり文化史，博物館学
著書―『金工技術（日本の美術 443）』（至文堂）
『よみがえる白鳳の美 国宝薬師寺東塔解体大修理全記録』（共著，朝日新聞出版）
『文化財の未来図――〈ものつくり文化〉をつなぐ』（岩波新書）ほか

金・銀・銅の日本史　　岩波新書（新赤版）1085

2007年7月20日　第1刷発行
2023年12月20日　第8刷発行

著　者　村《むら》上《かみ》　隆《りゅう》

発行者　坂本政謙

発行所　株式会社 岩波書店
〒101-8002 東京都千代田区一ツ橋 2-5-5
案内 03-5210-4000　営業部 03-5210-4111
https://www.iwanami.co.jp/

新書編集部 03-5210-4054
https://www.iwanami.co.jp/sin/

印刷・三秀舎　カバー・半七印刷　製本・中永製本

ISBN 978-4-00-431085-3　　Printed in Japan

岩波新書新赤版一〇〇〇点に際して

ひとつの時代が終わったと言われて久しい。だが、その先にいかなる時代を展望するのか、私たちはその輪郭すら描きえていない。二〇世紀から持ち越した課題の多くは、未だ解決の緒を見つけることのできないままであり、二一世紀が新たに招きよせた問題も少なくない。グローバル資本主義の浸透、憎悪の連鎖、暴力の応酬――世界は混沌として深い不安の只中にある。

現代社会においては変化が常態となり、速さと新しさに絶対的な価値が与えられた。消費社会の深化と情報技術の革命は、種々の境界を無くし、人々の生活やコミュニケーションの様式を根底から変容させてきた。ライフスタイルは多様化し、一面では個人の生き方をそれぞれが選びとる時代が始まっている。同時に、新たな格差が生まれ、様々な次元での亀裂や分断が深まっている。社会や歴史に対する意識が揺らぎ、普遍的な理念に対する根本的な懐疑や、現実を変えることへの無力感がひそかに根を張りつつある。そして生きることに誰もが困難を覚える時代が到来している。

しかし、日常生活のそれぞれの場で、自由と民主主義を獲得し実践することを通じて、私たち自身がそうした閉塞を乗り超え、希望の時代の幕開けを告げてゆくことは不可能ではあるまい。そのためには、いま求められていること――それは、個と個の間で開かれた対話を積み重ねながら、人間らしく生きることの条件について一人ひとりが粘り強く思考することではないか。その営みの糧となるものが、教養に外ならないと私たちは考える。歴史とは何か、よく生きるとはいかなることか、世界そして人間はどこへ向かうべきなのか――こうした根源的な問いとの格闘が、文化と知の厚みを作り出し、個人と社会を支える基盤としての教養となった。まさにそのような教養への道案内こそ、岩波新書が創刊以来、追求してきたことである。

岩波新書は、日中戦争下の一九三八年一一月に赤版として創刊された。創刊の辞は、道義の精神に則らない日本の行動を憂慮し、批判的精神と良心的行動の欠如を戒めつつ、現代人の現代的教養を刊行の目的とする、と謳っている。以後、青版、黄版、新赤版と装いを改めながら、合計二五〇〇点余りを世に問うてきた。そして、いままた新赤版が一〇〇〇点を迎えたのを機に、人間の理性と良心への信頼を再確認し、それに裏打ちされた文化を培っていく決意を込めて、新しい装丁のもとに再出発したいと思う。一冊一冊から吹き出す新風が一人でも多くの読者の許に届くこと、そして希望ある時代への想像力を豊かにかき立てることを切に願う。

（二〇〇六年四月）